高等院校物理类规划教材

工科物理学教程学习指导

主　编　李剑波
副主编　胡朝晖　徐柳苏　何卫中　古家虹
钟红伟　王　栋　谭　敏　王　玮

图书在版编目(CIP)数据

工科物理学教程学习指导/李剑波主编. —武汉：武汉大学出版社，2011.1

高等院校物理类规划教材

ISBN 978-7-307-08375-2

Ⅰ.工…　Ⅱ.李…　Ⅲ.物理学—高等学校—教学参考资料　Ⅳ.O4

中国版本图书馆 CIP 数据核字(2010)第 243829 号

责任编辑:任仕元　　责任校对:刘　欣　　版式设计:马　佳

出版发行：武汉大学出版社　(430072　武昌　珞珈山)

(电子邮件：cbs22@whu.edu.cn　网址：www.wdp.com.cn)

印刷:湖北民政印刷厂

开本:720×1000　1/16　　印张:13　字数:245 千字　插页:1

版次:2011 年 1 月第 1 版　　2011 年 1 月第 1 次印刷

ISBN 978-7-307-08375-2/O·439　　定价:20.00 元

版权所有，不得翻印；凡购我社的图书，如有质量问题，请与当地图书销售部门联系调换。

前　言

为了适应当前普通工科院校教学改革的要求，帮助读者更好地学习物理知识，在总结多年的教学实践的基础上，我们编写了这本辅助教材。本书每一章由“基本要求”、“内容提要”、“解题指导与例题”、“自测题”、“自测题参考答案”五部分组成。

·基本要求

指出本章所需要了解、理解、掌握的内容，以及本章的重点和难点，以便指导读者判断本章的主次。

·内容提要

简要列出了本章的基本内容，给出了本章的主要概念和基本定律，并给出了本章的物理逻辑关系。

·解题指导与例题

涉及本章的主要概念和基本定律以及重点和难点，举出几个有代表意义的例题。

·自测题

大学物理就是物理概念加高等数学。要了解以及理解物理现象和物理规律，单靠几个例题显然是不够的，因此我们在学习指导中给出了一定数量的自测题，并给出参考答案，以帮助读者准确理解和牢牢记住物理概念。

本书由古家虹编写质点运动学、牛顿运动定律，徐柳苏编写动量守恒定律和能量守恒定律、刚体的定轴转动，胡朝晖编写静电场、稳恒磁场，李剑波编写电磁感应和电磁场、机械振动、机械波，钟红伟编写气体分子运动论、热力学基础，王栋编写光的干涉，谭敏编写光的衍射，王玮编写光的偏振，何卫中编写狭义相对论简介、量子物理初步。最后由李剑波负责全书的定稿工作。

武汉大学出版社有关人员在本书的编写出版过程中付出了大量的劳动，在此表示深深的感谢。

由于编者水平有限，加上时间比较仓促，难免有疏漏和不妥之处，恳请读者批评指正。

编　者

2010 年 9 月 10 日

（《工科物理学教程》（上、下册）配有电子课件，需要者可同武汉大学出版社联系，联系电话 027-68752371。）

目 录

第 1 章 质点运动学 …… 1
一、基本要求 …… 1
二、内容提要 …… 1
三、解题指导与例题 …… 2
四、自测题 …… 5
五、自测题参考答案 …… 10

第 2 章 牛顿运动定律 …… 13
一、基本要求 …… 13
二、内容提要 …… 13
三、解题指导与例题 …… 13
四、自测题 …… 16
五、自测题参考答案 …… 19

第 3 章 动量守恒定律和能量守恒定律 …… 22
一、基本要求 …… 22
二、内容提要 …… 22
三、解题指导与例题 …… 23
四、自测题 …… 24
五、自测题参考答案 …… 33

第 4 章 刚体的定轴转动 …… 39
一、基本要求 …… 39
二、内容提要 …… 39
三、解题指导与例题 …… 40
四、自测题 …… 42
五、自测题参考答案 …… 47

第 5 章　静电场 …… 50
一、基本要求 …… 50
二、内容提要 …… 50
三、解题指导与例题 …… 54
四、自测题 …… 59
五、自测题参考答案 …… 64

第 6 章　稳恒磁场 …… 71
一、基本要求 …… 71
二、内容提要 …… 71
三、解题指导与例题 …… 73
四、自测题 …… 76
五、自测题参考答案 …… 83

第 7 章　电磁感应　电磁场 …… 88
一、基本要求 …… 88
二、内容提要 …… 88
三、解题指导与例题 …… 90
四、自测题 …… 92
五、自测题参考答案 …… 97

第 8 章　气体分子运动论 …… 100
一、基本要求 …… 100
二、内容提要 …… 100
三、解题指导与例题 …… 101
四、自测题 …… 102
五、自测题参考答案 …… 106

第 9 章　热力学基础 …… 109
一、基本要求 …… 109
二、内容提要 …… 109
三、解题指导与例题 …… 109
四、自测题 …… 112

五、自测题参考答案……………………………………………………………… 122

第 10 章 机械振动 ……………………………………………………………… 126
一、基本要求……………………………………………………………………… 126
二、内容提要……………………………………………………………………… 126
三、解题指导与例题……………………………………………………………… 128
四、自测题………………………………………………………………………… 131
五、自测题参考答案……………………………………………………………… 136

第 11 章 机械波 ………………………………………………………………… 138
一、基本要求……………………………………………………………………… 138
二、内容提要……………………………………………………………………… 138
三、解题指导与例题……………………………………………………………… 140
四、自测题………………………………………………………………………… 144
五、自测题参考答案……………………………………………………………… 149

第 12 章 光的干涉 ……………………………………………………………… 153
一、基本要求……………………………………………………………………… 153
二、内容提要……………………………………………………………………… 153
三、解题指导与例题……………………………………………………………… 155
四、自测题………………………………………………………………………… 157
五、自测题参考答案……………………………………………………………… 161

第 13 章 光的衍射 ……………………………………………………………… 163
一、基本要求……………………………………………………………………… 163
二、内容提要……………………………………………………………………… 163
三、解题指导与例题……………………………………………………………… 164
四、自测题………………………………………………………………………… 165
五、自测题参考答案……………………………………………………………… 167

第 14 章 光的偏振 ……………………………………………………………… 169
一、基本要求……………………………………………………………………… 169
二、内容提要……………………………………………………………………… 169
三、解题指导与例题……………………………………………………………… 170

四、自测题…………………………………………………………………………… 172
五、自测题参考答案………………………………………………………………… 174

第15章　狭义相对论 ………………………………………………………………… 177
一、基本要求………………………………………………………………………… 177
二、内容提要………………………………………………………………………… 177
三、解题指导与例题………………………………………………………………… 179
四、自测题…………………………………………………………………………… 183
五、自测题参考答案………………………………………………………………… 186

第16章　量子物理初步 ……………………………………………………………… 189
一、基本要求………………………………………………………………………… 189
二、内容提要………………………………………………………………………… 189
三、解题指导与例题………………………………………………………………… 194
四、自测题…………………………………………………………………………… 196
五、自测题参考答案………………………………………………………………… 198

第1章　质点运动学

一、基本要求

(1)掌握位移矢量、位置矢量、速度、加速度的概念和用微积分进行计算。

(2)掌握圆周运动，掌握角位移、角位置、角速度、角加速度的概念。

(3)理解平动、相对运动。

二、内容提要

本章讨论质点机械运动的位置随时间变化的规律。

1. 参考系

为了描述质点的运动，必须要选定一个物体作参考。被选作参考的物体称为参考系。参考系的定量化即在此参考系上建立固定的坐标系。

2. 描述质点运动的基本物理量

(1)线量

位置矢量：$\boldsymbol{r}=\boldsymbol{r}(t)$

位移：$\Delta\boldsymbol{r}=\boldsymbol{r}_2-\boldsymbol{r}_1$

速度：$\boldsymbol{v}=\lim\limits_{\Delta t\to 0}\dfrac{\Delta\boldsymbol{r}}{\Delta t}=\dfrac{\mathrm{d}\boldsymbol{r}}{\mathrm{d}t}$

加速度：$\boldsymbol{a}=\lim\limits_{\Delta t\to 0}\dfrac{\Delta\boldsymbol{v}}{\Delta t}=\dfrac{\mathrm{d}\boldsymbol{v}}{\mathrm{d}t}=\dfrac{\mathrm{d}^2\boldsymbol{r}}{\mathrm{d}t^2}$

一般地，$|\Delta\boldsymbol{r}|\neq|\Delta r|$，$|\Delta\boldsymbol{v}|\neq|\Delta v|$

(2)角量

角坐标：θ

角位移：$\Delta\theta=\theta_2-\theta_1$

角速度：$\omega=\dfrac{\mathrm{d}\theta}{\mathrm{d}t}$

角加速度：$\alpha=\dfrac{d\omega}{dt}=\dfrac{d^2\theta}{dt^2}$

(3)线量与角量的关系

$\Delta s=R\Delta\theta$

$v=\dfrac{ds}{dt}=R\dfrac{d\theta}{dt}=R\omega$

$a_t=\dfrac{dv}{dt}=R\dfrac{d\omega}{dt}=R\alpha$，沿切线方向

$a_n=\dfrac{v^2}{R}=R\omega^2$，指向圆心

$\boldsymbol{a}=\boldsymbol{a}_t+\boldsymbol{a}_n=\dfrac{dv}{dt}\boldsymbol{e}_t+\dfrac{v^2}{\rho}\boldsymbol{e}_n$

3. 相对运动

4. 运动学的两类问题

(1)已知 $\boldsymbol{r}=\boldsymbol{r}(t)$ 求 $\boldsymbol{v}$、$\boldsymbol{a}$ 等——求导；

(2)已知 $\boldsymbol{a}$ 和初始条件，求 $\boldsymbol{v}$、$\boldsymbol{r}$——积分。

三、解题指导与例题

例 1 质点在竖直的 Oxy 平面内做斜抛运动，$t=0$ 时，质点在 O 点，$t=t_1$ 时，质点运动到 A 点，如例 1 图所示，则

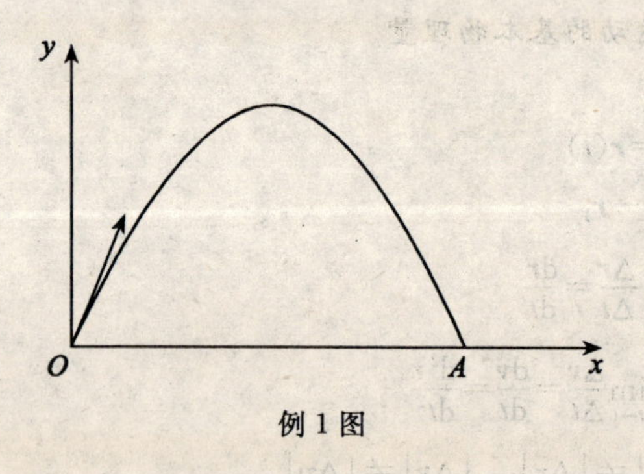

例 1 图

$\int_0^{t_1} v_x dt$ 表示：从 $t=0$ 到 t_1 时间内质点位移沿 x 轴的投影；

$\int_0^{t_1} v_y dt$ 表示：从 $t=0$ 到 t_1 时间内质点位移沿 y 轴的投影；

$\int_0^{t_1} v\mathrm{d}t$ 表示：从 $t=0$ 到 t_1 时间内质点经历的路程；

$\int_0^A \mathrm{d}\boldsymbol{r}$ 表示：从 O 点运动到 A 点的过程中质点的位移；

$\int_0^A |\mathrm{d}\boldsymbol{r}|$ 表示：从 O 点运动到 A 点的过程中质点的路程；

$\int_0^A \mathrm{d}r$ 表示：从 O 到 A 的距离。

例 2　已知质点的运动方程为 $\boldsymbol{r}=2t\,\boldsymbol{i}+(6-2t^2)\boldsymbol{j}$，求：(1)质点的轨迹方程；(2)第 2 秒内的位移及平均速度；(3)第 2 秒末的速度和加速度。

解：(1)质点的坐标为

$$x=2t,\ y=6-2t^2$$

消去时间 t，得质点的轨迹方程

$$y=6-\frac{1}{2}x^2(x\geqslant 0)$$

轨迹为一抛物线。

(2)初始时刻 $t_1=1$，末时刻 $t_2=2$，则在这段时间内，质点的位移

$$\Delta\boldsymbol{r}=\boldsymbol{r}_2-\boldsymbol{r}_1=\boldsymbol{r}(t_2)-\boldsymbol{r}(t_1)=(x_2-x_1)\boldsymbol{i}+(y_2-y_1)\boldsymbol{j}=2\boldsymbol{i}-6\boldsymbol{j}(\mathrm{m})$$

质点的平均速度

$$\bar{\boldsymbol{v}}=\frac{\Delta\boldsymbol{r}}{\Delta t}=2\boldsymbol{i}-6\boldsymbol{j}(\mathrm{m\cdot s^{-1}})$$

(3)第 2 秒末的速度

$$\boldsymbol{v}=\left.\frac{\mathrm{d}\boldsymbol{r}}{\mathrm{d}t}\right|_{t=2}=(2\boldsymbol{i}-4t\boldsymbol{j})|_{t=2}=2\boldsymbol{i}-8\boldsymbol{j}(\mathrm{m\cdot s^{-1}})$$

第 2 秒末的加速度

$$\boldsymbol{a}=\left.\frac{\mathrm{d}^2\boldsymbol{r}}{\mathrm{d}t^2}\right|_{t=2}=-4\boldsymbol{j}|_{t=2}=-4\boldsymbol{j}(\mathrm{m\cdot s^{-2}})$$

显然，质点在平面内做恒定加速度的曲线运动。

例 3　一沿直线行驶的小船，在关闭发动机后，其加速度方向与速度方向相反，大小与速度大小的平方成正比，比例系数为 k，求小船关闭发动机后又行驶 x 距离时的速率 v。(设小船关闭发动机时的速率为 v_0)

解：以关闭发动机时小船位置为原点，行驶方向为 x 轴正方向，建立坐标系。根据题意有

$$a=-kv^2$$

直线运动有

$$a=\frac{\mathrm{d}v}{\mathrm{d}t}$$

所以
$$a=\frac{\mathrm{d}v}{\mathrm{d}t}=-kv^2$$

要求的是 v 与 x 的关系，所以要对上式进行变换
$$a=\frac{\mathrm{d}v}{\mathrm{d}t}=\frac{\mathrm{d}v}{\mathrm{d}x}\frac{\mathrm{d}x}{\mathrm{d}t}=v\,\frac{\mathrm{d}v}{\mathrm{d}x}=-kv^2$$

得
$$\frac{\mathrm{d}v}{v}=-k\mathrm{d}x$$

两边积分，代入已知条件，$x=0$ 时，$v=v_0$，即
$$\int_{v_0}^{v}\frac{\mathrm{d}v}{v}=\int_0^x -k\mathrm{d}x$$

得
$$v=v_0\mathrm{e}^{-kx}$$

例 4　一辆带篷的卡车，雨天在平直公路上行驶，司机发现：车速过小时，雨滴从车后斜向落入车内；车速过大时，雨滴从车前斜向落入车内。已知雨滴相对于地面的速度大小为 v，方向与水平夹角为 α，试问：

(1)车速为多大时，雨滴恰好不能落入车内？

(2)此时雨滴相对车厢的速度为多大？

解：设雨滴相对于地面的速度为 $\boldsymbol{v}$，雨滴相对于车厢的速度为 $\boldsymbol{v}_r$，车厢相对于地面的速度为 $\boldsymbol{v}_e$。三者关系为
$$\boldsymbol{v}=\boldsymbol{v}_r+\boldsymbol{v}_e$$

当 v_r 垂直于车厢时，雨滴恰好不能落入车内，此时 $\boldsymbol{v}$，$\boldsymbol{v}_r$，$\boldsymbol{v}_e$ 有如图所示的关系。

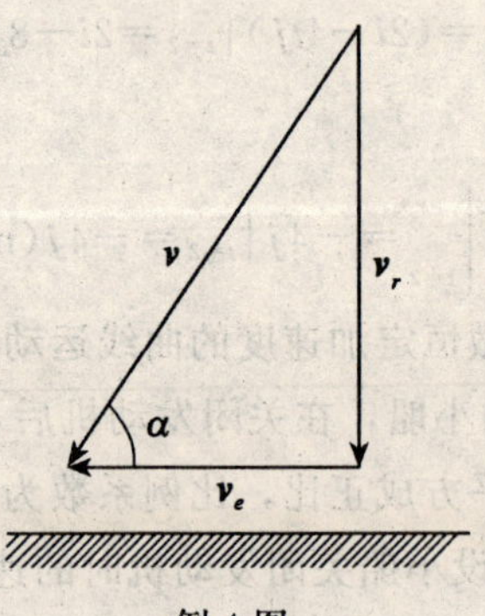

例 4 图

由图可得：

(1)$v_e=v\cos\alpha$

(2)$v_r=v\sin\alpha$

四、自　测　题

(一)选择题

1. 一质点做直线运动，某时刻的瞬时速度 $v=2\text{m/s}$，瞬时加速度 $a=-2\text{m/s}^2$，则 1 秒钟后质点的速度：

(A)等于零；　　(B)等于 -2m/s；

(C)等于 2m/s；　　(D)不能确定。　[　]

2. 如图所示，湖中有一小船，有人用绳绕过岸上一定高度处的定滑轮拉湖中的船向岸边运动，设该人以匀速率 v_0 收绳，绳不伸长、湖水静止，则小船的运动是：

(A)匀加速运动；　　(B)匀减速运动；

(C)变加速运动；　　(D)变减速运动；

(E)匀速直线运动。　[　]

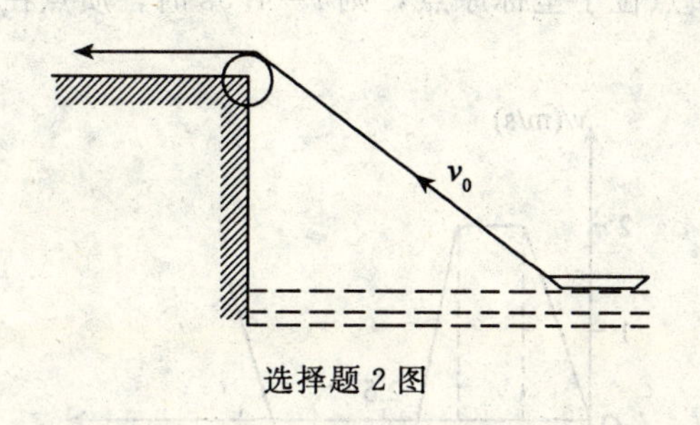

选择题 2 图

3. 对于沿曲线运动的物体，以下几种说法中哪一种是正确的：

(A)切向加速度必不为零；

(B)法向加速度必不为零(拐点处除外)；

(C)由于速度沿切线方向，法向分速度必为零，因此法向加速度必为零；

(D)若物体做匀速率运动，其总加速度必为零；

(E)若物体的加速度 $\boldsymbol{a}$ 为恒矢量，它一定做匀变速率运动。　[　]

4. 以下五种运动形式中，$\boldsymbol{a}$ 保持不变的运动是：

(A)单摆的运动；　　(B)匀速率圆周运动；

(C)行星的椭圆轨道运动；　　(D)抛体运动；

(E)圆锥摆运动。　[　]

5. 一质点在平面上做一般曲线运动，其瞬时速度为 $\boldsymbol{v}$，瞬时速率为 v，某一段时间内的平均速度为 $\bar{\boldsymbol{v}}$，平均速率为 $\bar{v}$，它们之间的关系必定有：

(A) $|\boldsymbol{v}|=v$，$|\bar{\boldsymbol{v}}|=\bar{v}$；　　(B) $|\boldsymbol{v}|\neq v$，$|\bar{\boldsymbol{v}}|=\bar{v}$；

(C) $|\boldsymbol{v}|\neq v$，$|\bar{\boldsymbol{v}}|\neq\bar{v}$；　　(D) $|\boldsymbol{v}|=v$，$|\bar{\boldsymbol{v}}|\neq\bar{v}$。 [ ]

6. 某物体的运动规律为 $\mathrm{d}v/\mathrm{d}t=-kv^2t$，式中的 k 为大于零的常数，当 $t=0$ 时，初速为 v_0，则速度 v 与时间 t 的函数关系是：

(A) $v=\frac{1}{2}kt^2+v_0$；　　(B) $v=-\frac{1}{2}kt^2+v_0$；

(C) $\frac{1}{v}=\frac{kt^2}{2}+\frac{1}{v_0}$；　　(D) $\frac{1}{v}=-\frac{kt^2}{2}+\frac{1}{v_0}$。 [ ]

7. 某质点的运动方程为 $x=3t-5t^3+6$(SI)，则该质点做：

(A)匀加速直线运动，加速度沿 x 轴正方向；

(B)匀加速直线运动，加速度沿 x 轴负方向；

(C)变加速直线运动，加速度沿 x 轴正方向；

(D)变加速直线运动，加速度沿 x 轴负方向。 [ ]

8. 一质点沿 x 轴做直线运动，其 v-t 曲线如选择题 8 图所示，如 $t=0$ 时，质点位于坐标原点，则 $t=4.5$s 时，质点在 x 轴上的位置为：

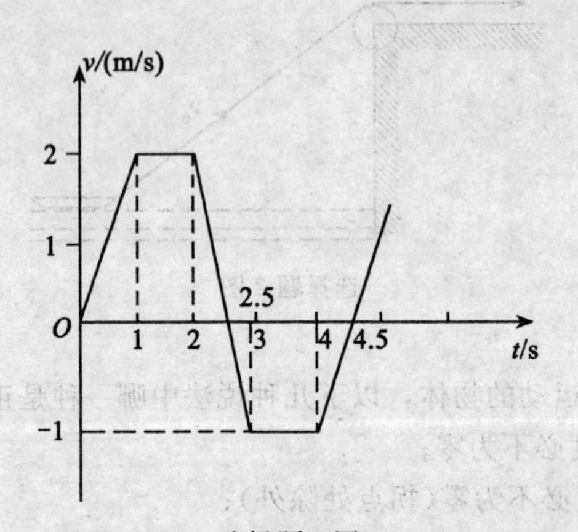

选择题 8 图

(A)0；　　(B)5m；

(C)2m；　　(D)−2m；

(E)−5m。 [ ]

9. 一质点在平面上运动，已知质点位置矢量的表示式为 $\boldsymbol{r}=at^2\boldsymbol{i}+bt^2\boldsymbol{j}$(其中 a，b 为常量)，则该质点做：

(A)匀速直线运动；　　(B)变速直线运动；

(C)抛物线运动；　　　　(D)一般曲线运动。　[　　]

10. 质点做曲线运动，$\boldsymbol{r}$ 表示位置矢量，S 表示路程，a_t 表示切向加速度，下列表达式中：

(1)$\mathrm{d}v/\mathrm{d}t=a$，　　　　(2)$\mathrm{d}r/\mathrm{d}t=v$，

(3)$\mathrm{d}S/\mathrm{d}t=v$，　　　　(4)$|\mathrm{d}\boldsymbol{v}/\mathrm{d}t|=a_t$，

(A)只有(1)、(4)是对的；　　　　(B)只有(2)、(4)是对的；

(C)只有(2)是对的；　　　　(D)只有(3)是对的。　[　　]

11. 质点做半径为 R 的变速圆周运动时的加速度大小为(v 表示任一时刻质点的速率)：

(A) $\dfrac{\mathrm{d}v}{\mathrm{d}t}$；　　　　(B) $\dfrac{v^2}{R}$；

(C) $\dfrac{\mathrm{d}v}{\mathrm{d}t}+\dfrac{v^2}{R}$；　　　　(D) $\left[\left(\dfrac{\mathrm{d}v}{\mathrm{d}t}\right)^2+\left(\dfrac{v^4}{R^2}\right)^2\right]^{\frac{1}{2}}$。

[　　]

12. 一运动质点在某瞬时位于矢径 $\boldsymbol{r}(x,\ y)$ 的端点处，其速度大小为：

(A) $\dfrac{\mathrm{d}r}{\mathrm{d}t}$；　　　　(B) $\dfrac{\mathrm{d}\boldsymbol{r}}{\mathrm{d}t}$；

(C) $\dfrac{\mathrm{d}|\boldsymbol{r}|}{\mathrm{d}t}$；　　　　(D) $\sqrt{\left(\dfrac{\mathrm{d}x}{\mathrm{d}t}\right)^2+\left(\dfrac{\mathrm{d}y}{\mathrm{d}t}\right)^2}$。

[　　]

(二)填空题

1. 一质点做直线运动，其坐标 x 与时间 t 的函数曲线如填空题 1 图所示，则该质点在第________秒瞬时速度为零；在第________秒至第________秒间速度与加速度同方向。

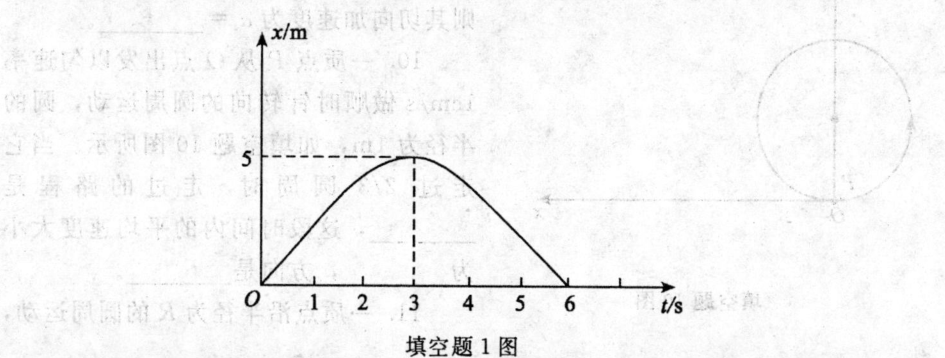

填空题 1 图

2. 一质点从静止出发沿半径 $R=1\text{m}$ 的圆周运动，其角加速度随时间 t 的变化规律是 $\beta=12t^2-6t$(SI)，则质点的角速度 $\omega=$________；切向加速度 $a_t=$________。

3. 一质点从静止出发，沿半径 $R=3\text{m}$ 的圆周运动，切向加速度 $a_t=3\text{m/s}^2$，当总加速度与半径成 $45°$角时，所经过的时间 $t=$________，在上述时间内质点经过的路程 $S=$________。

4. 在表达式 $\boldsymbol{v}=\lim\limits_{\Delta t\to 0}\dfrac{\Delta \boldsymbol{r}}{\Delta t}$中，位置矢量是________；位移矢量是：________。

5. 质点 P 在一直线上运动，其坐标 x 与时间 t 有如下关系：

$$x=A\sin\omega t \qquad \text{(SI)} \qquad (A\text{ 为常数})$$

(1)任意时刻 t 时质点的加速度 $a=$________；

(2)质点速度为零的时刻为 $t=$________。

6. 一辆做匀加速直线运动的汽车，在 6s 内通过相隔 60m 远的两点，已知汽车经过第二点时的速率为 15m/s，则(1)汽车通过第一点时的速率 $v_1=$________；

(2)汽车的加速度 $a=$________。

7. 一质点沿 x 方向运动，其加速度随时间变化关系为 $a=3+2t$(SI)，如果初始时质点的速度 v_0 为 $5\text{m}\cdot\text{s}^{-1}$，则当 t 为 3s 时，质点的速度 $v=$________。

8. 一质点以 $\pi\text{m}\cdot\text{s}^{-1}$的匀速率做半径为 5m 的圆周运动，则该质点在 5s 内：

(1)位移的大小是________；

(2)经过的路程是________。

9. 一质点做半径为 0.1m 的圆周运动，其运动方程为：$\theta=\dfrac{\pi}{4}+\dfrac{1}{2}t^2$(SI)，则其切向加速度为 $a_t=$________。

10. 一质点 P 从 O 点出发以匀速率 1cm/s 做顺时针转向的圆周运动，圆的半径为 1m，如填空题 10 图所示。当它走过 2/3 圆周时，走过的路程是________，这段时间内的平均速度大小为________，方向是________。

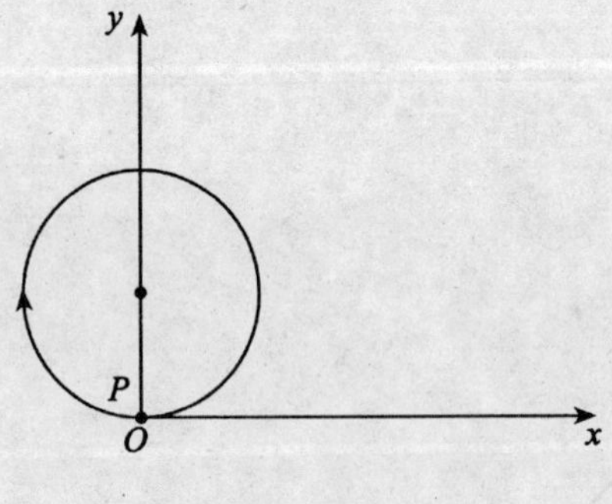

填空题 10 图

11. 一质点沿半径为 R 的圆周运动，

其路程 S 随时间 t 变化的规律为 $S=bt-\frac{1}{2}ct^2$(SI)，式中 b，c 为大于零的常数，且 $b^2>Rc$。(1)质点运动的切向加速度 $a_t=$________；法向加速度 $a_n=$________；(2)质点运动经过 $t=$________时，$a_t=a_n$。

12. 一质点做直线运动，其 v-t 曲线如填空题 11 图所示，则 BC 和 CD 段时间内的加速度分别为________和________。

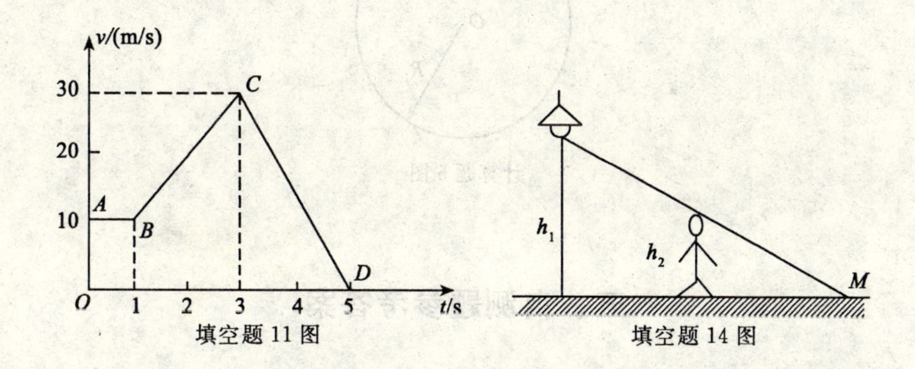

填空题 11 图　　填空题 14 图

13. 在 x 轴上做变加速直线运动的质点，已知其初速度为 v_0，初始位置为 x_0，加速度 $a=ct^2$(其中 c 为常量)，则其速度与时间的关系为 $v=$________，运动方程为 $x=$________。

14. 灯距地面高度为 h_1，一个人身高为 h_2，在灯下以匀速率 v 沿水平直线行走，如填空题 14 图所示，则他的头顶在地上的影子 M 点沿地面移动的速度 $v_M=$________。

(三)计算题

1. 一质点沿 x 轴运动，其加速度 a 与位置坐标 x 关系为 $a=2+6x^2$(SI)，如果质点在原点处的速度为零，试求其在任意位置处的速度。

2. 一物体悬挂在弹簧上做竖直振动，其加速度为 $a=-ky$，式中 k 为常量，y 是以平衡位置为原点所测得的坐标，假定振动的物体在坐标 y_0 处的速度为 v_0，试求速度 v 与坐标 y 的函数关系式。

3. 一质点沿半径为 R 的圆周运动，质点所经过的弧长与时间的关系为 $S=bt+\frac{1}{2}ct^2$，其中 b、c 是大于零的常量，求从 $t=0$ 开始到达切向加速度与法向加速度大小相等时所经历的时间。

4. 一质点沿 x 轴运动，其加速度为 $a=4t$(SI)，已知 $t=0$ 时，质点位于 $x_0=10\text{m}$ 处，初速度 $v_0=0$，试求其位置和时间的关系式。

5. 如计算题5图所示，质点 P 在水平面内沿一半径为 $R=2\text{m}$ 的圆轨道转动，转动的角速度 ω 与时间 t 的函数关系为 $\omega=kt^2$（k 为常量）。已知 $t=2$ 时，质点 P 的速度值为 32m/s。试求 $t=1\text{s}$ 时，质点 P 的速度与加速度的大小。

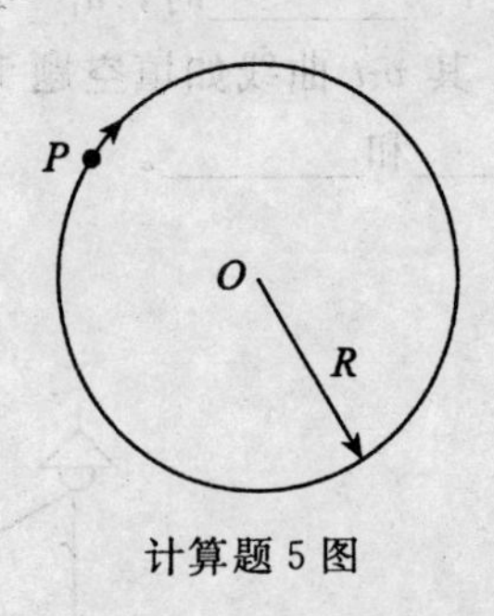

计算题5图

五、自测题参考答案

(一)选择题

1.(D)；2.(C)；3.(B)；4.(D)；5.(D)；6.(C)；

7.(D)；8.(C)；9.(B)；10.(D)；11.(D)；12.(D)

(二)填空题

1. 3；3至6
2. $4t^3-3t^2$(rad/s)；　$12t^2-6t$(m/s^2)
3. 1s；　1.5m
4. $\boldsymbol{r}$；　$\Delta\boldsymbol{r}$
5. $-A\omega^2\sin\omega t$(m/s^2)；　$\frac{1}{2}(2n+1)\pi/\omega$(s)($n=0, 1, \cdots$)
6. 5.0m/s；　167m/s^2
7. 23m·s^{-1}
8. 10m；　5πm
9. 0.1m·s^{-2}
10. 4.19m；　4.13×10^{-3}m/s；　与 x 轴成60°
11. $-c$(m/s^2)；　$(b-ct)^2/R$(m/s^2)；　$b/c\pm\sqrt{R/c}$(s)
12. 10m/s^2；　-15m/s^2
13. $v_0+ct^3/3$；　$x_0+v_0t+ct^4/12$

14.　$v_M = h_1 v/(h_1 - h_2)$

(三)计算题

1. 解：设质点在 x 处的速度为 v，则

$$a = \frac{dv}{dt} = \frac{dv}{dx} \cdot \frac{dx}{dt} = 2 + 6x^2$$

$$\int_0^v v dv = \int_0^x (2 + 6x^2) dx$$

$$v = 2(x + x^3)^{\frac{1}{2}} \mathrm{m/s}$$

2. 解：

$$a = \frac{dv}{dt} = \frac{dv}{dy} \cdot \frac{dy}{dt} = v\frac{dv}{dy}$$

又 $a = -ky$，所以 $-ky = v dv/dy$

$$-\int ky dy = \int v dv, \quad -\frac{1}{2}ky^2 = \frac{1}{2}v^2 + C$$

已知 $y = y_0$，$v = v_0$，则

$$C = -\frac{1}{2}v_0^2 - \frac{1}{2}ky_0^2, \quad v^2 = v_0^2 + k(y_0^2 - y^2)$$

3. 解：

$$v = dS/dt = b + ct$$

$$a_t = dv/dt = c$$

$$a_0 = (b + ct)^2/R$$

根据题意：

$$a_t = a_0$$

即 $c = (b + ct)^2/R$

解得 $t = \sqrt{\frac{R}{c}} - \frac{b}{c}$

4. 解：

$$a = dv/dt = 4t, \quad dv = 4t dt$$

$$\int_0^v dv = \int_0^t 4t dt$$

$$v = 2t^2$$

$$v = dx/dt = 2t^2$$

$$\int_{10}^x dx = \int_0^t 2t^2 dt$$

$$x = \frac{2t^3}{3} + 10$$

5. 解：根据已知条件确定常量 k

$k=\omega/t^2=v/(Rt^2)=4\text{rad/s}^2$

$\omega=4t^2$， $v=R\omega=4Rt^2$

$t=1\text{s}$ 时， $v=4Rt^2=8\text{m/s}$

$a_t=\mathrm{d}v/\mathrm{d}t=8Rt=16\text{m/s}^2$

$a_0=v^2/R=32\text{m/s}^2$

$a=\left(a_t^2+a_0^2\right)^{\frac{1}{2}}=35.8\text{m/s}^2$

第2章　牛顿运动定律

一、基本要求

(1)掌握牛顿三个定律及适用条件、牛顿力学中常见的几种力。

(2)理解力学中的单位制和量纲、惯性参考系、力学相对性原理。

二、内容提要

本章讨论质点机械运动的原因，即质点所受外力与其运动状态变化之间的关系。

1. 牛顿运动定律

第一定律：任何物体都要保持其静止或匀速直线运动状态，直到其他物体的相互作用迫使它改变运动状态为止。

第二定律：物体所获得的加速度的大小与作用在物体上的合外力的大小成正比，与物体的质量成反比；加速度的方向与合外力的方向相同。

第三定律：两个物体之间的作用力与反作用力沿同一直线，大小相等，方向相反，分别作用在两个物体上。

2. 动力学两类问题及解题的基本思路

(1)已知运动状态(或运动方程)，求物体的受力——求导；

(2)已知物体的受力，求运动状态或运动方程——积分。

求解动力学问题的基本思路：取隔离体，选坐标系，受力分析，列方程式，讨论结果。

三、解题指导与例题

例1　质量 $m=10\text{kg}$ 的物体沿 x 轴无摩擦地运动，设 $t=0$ 时物体位于原点，速度为零(即 $x_0=0$，$v_0=0$)，求：

(1)物体在力 $F=3+4t(\text{N})$ 的作用下运动到 3s 时的加速度和速度的大小；

(2)物体在力 $F=3+4x$(N)的作用下运动到 3m 时的加速度和速度的大小。

解：由于物体做直线运动，所以其加速度和速度均可当标量处理。

(1)当 $t=3$s 时，对物体应用牛顿第二定律，得

$$a=\frac{F}{m}=\frac{3+4t}{10}=\frac{3+4\times 3}{10}=1.5(\mathrm{m\cdot s^{-2}})$$

由加速度的定义式 $a=\frac{\mathrm{d}v}{\mathrm{d}t}$得

$$\mathrm{d}v=a\mathrm{d}t$$

等式两边分别取积分并代入已知条件，得

$$\int_{v_0}^{v}\mathrm{d}v=\int_{0}^{t}a\mathrm{d}t=\int_{0}^{t}\frac{3+4t}{10}\mathrm{d}t$$

解得 $v-v_0=0.3t+0.2t^2=0.9+1.8=2.7(\mathrm{m\cdot s^{-1}})$

当 $t=3$s 时，有 $v=v_0+2.7=2.7(\mathrm{m\cdot s^{-1}})$

(2)由牛顿第二定律得 $x=3$m 时加速度的大小为

$$a=\frac{F}{m}=\frac{3+4x}{10}=\frac{3+4\times 3}{10}=1.5(\mathrm{m\cdot s^{-2}})$$

因 $a=\frac{\mathrm{d}v}{\mathrm{d}t}=\frac{\mathrm{d}v}{\mathrm{d}x}\frac{\mathrm{d}x}{\mathrm{d}t}=v\frac{\mathrm{d}v}{\mathrm{d}x}$，所以有

$$v\mathrm{d}v=a\mathrm{d}x$$

等式两边分别取积分并代入已知条件，得

$$\int_{0}^{v}v\mathrm{d}v=\int_{0}^{x}a\mathrm{d}x=\int_{0}^{x}\frac{3+4x}{10}\mathrm{d}x$$

解得 $\frac{1}{2}v^2=\frac{3x+2x^2}{10}=\frac{3\times 3+2\times 3^2}{10}=\frac{27}{10}(\mathrm{m\cdot s^{-1}})^2$

当 $x=3$m 时，有 $v=\sqrt{2\times 27/10}=2.3(\mathrm{m\cdot s^{-1}})$

例 2 跳伞员与装备的质量共为 m，从伞塔上跳下时立刻张伞，可以粗略地认为张伞时速度为零，此后空气阻力与速率平方成正比，即 $R=kv^2$。求跳伞员的运动速率 v 随时间 t 变化的规律和极限速率 v_T。

解：这是一个变加速问题。跳伞员与装备受力如图例 2 所示，依图有

$$P-R=ma$$

$$mg-kv^2=m\frac{\mathrm{d}v}{\mathrm{d}t}$$

$$\frac{\mathrm{d}v}{\frac{mg}{k}-v^2}=\frac{k}{m}\mathrm{d}t$$

令 $$\frac{mg}{k}=v_T^2$$

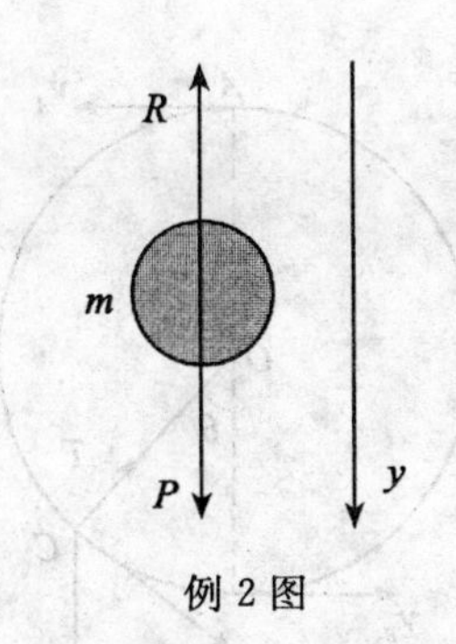

例 2 图

则 $$\frac{dv}{v_T^2-v^2}=\frac{k}{m}dt$$

积分 $$\int_0^v \frac{dv}{v_T^2-v^2}=\frac{k}{m}\int_0^t dt$$

得 $$v=v_T\frac{e^{2t/t_R}-1}{e^{2t/t_R}+1}$$

式中 $v_T=\sqrt{\frac{mg}{k}}$，$t_R=\frac{m}{kv_T}=\sqrt{\frac{m}{kg}}$

当 $a=\frac{dv}{dt}=0$ 时，有极限速率 v_T。

令 $$mg-kv_T^2=m\frac{dv}{dt}=0$$

得 $$mg-kv_T^2=0$$

$$v_T=\sqrt{\frac{mg}{k}}$$

例 3　如例 3 图所示，长为 R 的细绳的一端固定于点 O，另一端系一质量为 m 的小物体做竖直圆周轨道运动。试求小物体位于圆周最高点 A 和最低点 B 处时绳的张力，以及在点 A 时细绳不致松弛所需的最低速率。

解：圆周运动的受力分析，牛顿运动方程分量形式的应用。

小物体在任意位置 C 受到两个力，即重力 mg 和细绳的张力 $\boldsymbol{T}$，如图所示，将重力分解成径向分量 $mg\cos\theta$ 和切向分量 $mg\sin\theta$，并列出径向和切向的运动方程

$$T-mg\cos\theta=ma_n=m\frac{v^2}{R} \tag{1}$$

$$mg\sin\theta=ma_t \tag{2}$$

式(2)给出切向加速度 $a_t=g\sin\theta$，式(1)给出小物体在任意位置时细绳中张力的大小为

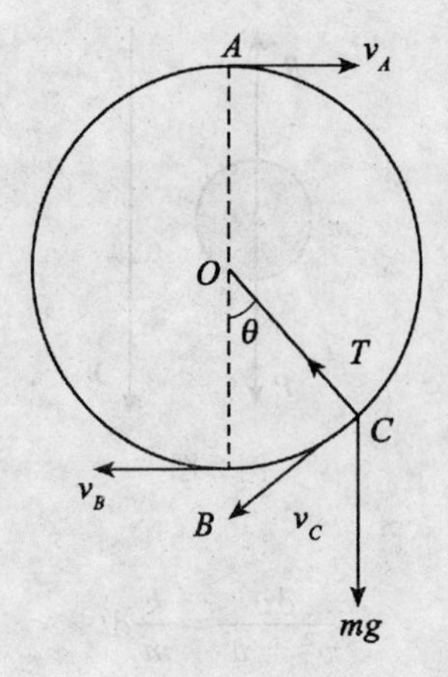

例 3 图

$$T=m\frac{v^2}{R}+mg\cos\theta=m\left(\frac{v^2}{R}+g\cos\theta\right) \tag{3}$$

在最高点 A，有 $\theta=\pi$，$\sin\theta=0$，$\cos\theta=-1$，$a_t=0$，由式(3)可知，此时细绳中的张力大小为

$$T_A=m\left(\frac{v^2}{R}-g\right) \tag{4}$$

在最低点 B，有 $\theta=0$，$\sin\theta=0$，$\cos\theta=1$，$a_t=0$，由式(3)可知，此时细绳中的张力大小为

$$T_B=m\left(\frac{v^2}{R}+g\right) \tag{5}$$

若使小物体在最高点 A 时细绳不致松弛，所需的最低速率可令式(4)中的 $T_A=0$ 而求得，即

$$v_{A,\min}=\sqrt{gR}$$

由上式可知，最低速率只由重力加速度和细绳长度决定，而与运动物体的质量无关。

四、自 测 题

(一)选择题

1. 在升降机天花板上拴有轻绳，其下端系一重物，当升降机以加速度 a_1 上升时，绳中的张力正好等于绳子所能承受的最大张力的一半，问升降机以多大加速度上升时，绳子刚好被拉断？

(A) a_1+g；　　(B) $2(a_1+g)$；

(C) $2a_1$；　　(D) $2a_1+g$。　　[　　]

2. 如选择题 2 图所示，物体 A，B 叠放在斜面上相对于斜面静止时，物体 A 所受的力有：

(A)3 个；　　(B)5 个；

(C)4 个；　　(D)难以判断。　　[　　]

选择题 2 图

3. 关于力的定义，下列说法正确的是：

(A)力是维持运动的原因；

(B)力是物体获得加速度的原因；

(C)力是维持物体运动速度的原因；

(D)力不是改变物体运动状态的原因。　　[　　]

4. 下列判断正确的是：

(A)物体的运动方向必与合外力一致；

(B)物体受力后才能运动；

(C)物体做直线运动，所受的法向分力必定等于零；

(D)牛顿运动定律只适用于宏观、低速物体；

(E)运动的物体才有惯性，静止的物体没有惯性。　　[　　]

5. 如选择题 5 图所示，水平外力 F 将木块 A 紧压在竖直墙上而静止。那么，当外力 F 增大时下面说法正确的是：

(A) A 对墙的摩擦力不变；　　(B) A 对墙的摩擦力增大；

(C) A 对墙的摩擦力减小；　　(D) A 对墙的摩擦力等于零。

[　　]

(二)填空题

1. $M=1\text{kg}$ 的质点受两个力的作用；其中 $\boldsymbol{F}_1=2\boldsymbol{i}(\text{N})$，$\boldsymbol{F}_2=1\boldsymbol{j}(\text{N})$，则 x 方向的加速度 $a_x=$ ________，y 方向的加速度 $a_y=$ ________。

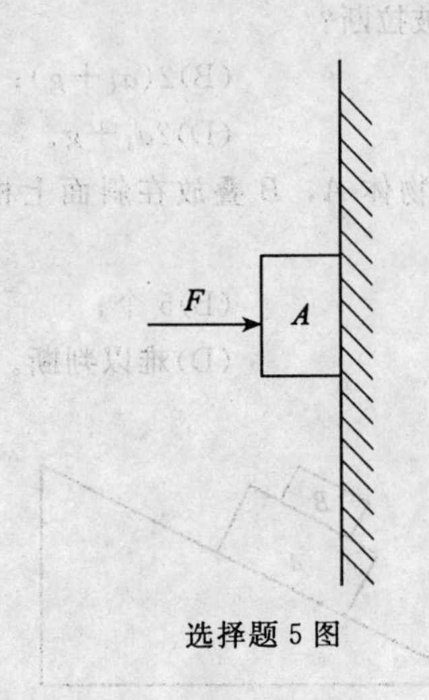

选择题 5 图

2. 沿水平方向的外力 F 将物体 A 压在竖直墙上，由于物体与墙之间有摩擦力，此时物体保持静止，并设其所受静摩擦力为 f_0，若外力增至 $2F$，则此时物体所受静摩擦力为________。

3. 一质量为 1kg 的物体，置于水平地面上，物体与地面之间的静摩擦系数 $\mu_0=0.3$，滑动摩擦系数 $\mu=0.16$，现施一水平拉力 $F=t+0.96$(SI)，则 4 秒末物体的速度大小 $v=$________。

(三)计算题

1. 质量为 m 的小船在平静的水面以速度 v_0 航行。以小船关闭发动机为计时起点，设水的阻力和小船速度之间的关系是 $F=-rv$(其中 r 是常量)，求：

(1)发动机关闭后小船的速率与时间的关系以及小船的运行时间；

(2)发动机关闭后小船的速率和通过的路程之间的关系以及小船到停止时行驶的全部路程；

(3)在小船的速率减少到初速的 $1/n$ 时间内的平均速率。

2. 质量为 m 的质点沿半径为 R 的圆周按规律 $s=v_0t+\frac{1}{2}bt^2$ 运动，其中 s 是路程，t 是时间，v_0，b 均为常数。求 t 时刻作用于质点的切向力和法向力。

3. 质量为 m 的质点在合力 $F=F_0-kt$(F_0，k 均为常数)的作用下做直线运动，$t=0$ 时，$v=v_0$，$x=x_0$. 求：

(1)质点的加速度；

(2)质点的速度与位置。

4. 质量为 45.0kg 的物体，由地面以初速度 $60.0\mathrm{m\cdot s^{-1}}$ 竖直向上发射，

物体受到空气的阻力为 $F_r=kv$，且 $k=0.03\text{N}/(\text{m}\cdot\text{s}^{-1})$。求：

(1)物体发射到最大高度所需要的时间；

(2)最大高度为多少。

五、自测题参考答案

(一)选择题

1.(D)；2.(B)；3.(B)；4.(D)；5.(A)

(二)填空题

1. $5.0\text{m}\cdot\text{s}^{-2}$；$1.0\text{m}\cdot\text{s}^{-2}$
2. f_0
3. $4.7\text{m}\cdot\text{s}^{-1}$

(三)计算题

1. 解：(1)由牛顿第二定律得：

$$m\frac{\mathrm{d}v}{\mathrm{d}t}=-rv$$

分离变量并积分，得

$$\int_{v_0}^{v}\frac{\mathrm{d}v}{v}=\int_0^t-\frac{r}{m}\mathrm{d}t$$

解之得船速 v 与时间 t 的关系为

$$v=v_0\mathrm{e}^{-\frac{r}{m}t}$$

当 $t\to\infty$ 时，$v\to0$(但实际上 t 为某一限值时，$v\to0$)。

(2)据定义有

$$v=\frac{\mathrm{d}s}{\mathrm{d}t}=v_0\mathrm{e}^{-\frac{r}{m}t}$$

分离变量求积分，得

$$\int_o^s\mathrm{d}s=\int_o^t v_0\mathrm{e}^{-\frac{r}{m}t}\mathrm{d}t$$

解之得

$$s=\frac{mv_0}{r}(1-\mathrm{e}^{-\frac{r}{m}t})=\frac{mv_0}{r}-\frac{m}{r}v_0\mathrm{e}^{-\frac{r}{m}t}=\frac{mv_0}{r}-\frac{mv}{r}$$

即

$$v=v_0-\frac{rs}{m}$$

小船到停止时通过的总路程

$$s_0=\int_0^{\infty} v\mathrm{d}t=\int_0^{\infty} v_0\mathrm{e}^{-\frac{r}{m}t}\mathrm{d}t=\frac{mv_0}{r}$$

(3)设

$$v=\frac{1}{n}v_0$$

$\frac{1}{n}v_0=v_0\mathrm{e}^{-\frac{r}{m}t}$时所经过的时间为$t$。由(1)的结果得

$$t=\frac{m}{r}\ln n$$

在0—t时间内，船行驶的路程为

$$s=\int_0^{t} v_0\mathrm{e}^{-\frac{r}{m}t}\mathrm{d}t=\frac{mv_0}{r}(1-\mathrm{e}^{-\frac{r}{m}t})$$

船的平均速度

$$v=\frac{s}{t}=\frac{\frac{mv_0}{r}(1-\mathrm{e}^{-\frac{r}{m}\frac{m}{r}\ln n})}{\frac{m}{r}\ln n}=\frac{n-1}{n\ln n}v_0$$

2. 解：

切向力为：$F_t=ma_t=m\frac{\mathrm{d}^2s}{\mathrm{d}t^2}=mb(\mathrm{N})$

法向力为：$F_n=ma_n=m\cdot\frac{v^2}{R}=m\cdot\frac{\left(\frac{\mathrm{d}s}{\mathrm{d}t}\right)^2}{R}=m\cdot\frac{(v_0+bt)^2}{R}(\mathrm{N})$

3. 解：

(1)加速度为：$a=\frac{F}{m}=\frac{F_0-kt}{m}$

(2)质点的速度为：$\int_{v_0}^{v}\mathrm{d}v=\int_0^{t}a\mathrm{d}t=\int_0^{t}\frac{F_0-kt}{m}\mathrm{d}t=\frac{F_0t}{m}-\frac{kt^2}{2m}$

$$v=v_0+\frac{F_0t}{m}-\frac{kt^2}{2m}$$

质点的位置为：$\int_{x_0}^{x}\mathrm{d}x=\int_0^{t}\left(v_0+\frac{F_0t}{m}-\frac{kt^2}{2m}\right)\mathrm{d}t$

$$x-x_0=\int_0^{t}\left(v_0+\frac{F_0t}{m}-\frac{kt^2}{2m}\right)\mathrm{d}t=v_0t+\frac{F_0t^2}{2m}-\frac{kt^3}{6m}$$

4. 解：

(1) 加速度为：$a=-\frac{kv+mg}{m}=\frac{\mathrm{d}v}{\mathrm{d}t}$

所以：$\int_{v_0}^{0}\frac{\mathrm{d}v}{kv+mg}=-\int_{0}^{t}\frac{\mathrm{d}t}{m}$

$$\ln\frac{mg}{kv_0+mg}=-\frac{kt}{m}$$

$$t=\frac{m}{k}\cdot\ln\frac{kv_0+mg}{mg}=\frac{45}{0.03}\times\ln\frac{0.03\times60.0+45.0\times9.8}{45.0\times9.8}=6.11\mathrm{s}$$

(2) 最大高度为：$\int_{v_0}^{v}\frac{\mathrm{d}v}{kv+mg}=-\int_{0}^{t}\frac{\mathrm{d}t}{m}$

$$\ln\frac{kv+mg}{kv_0+mg}=-\frac{kt}{m}$$

$$v=\frac{1}{k}[(kv_0+mg)\mathrm{e}^{-\frac{kt}{m}}-mg]=\frac{\mathrm{d}y}{\mathrm{d}t}$$

$$y=\frac{1}{k}\int_{0}^{t}[(kv_0+mg)\mathrm{e}^{-\frac{kt}{m}}-mg]\mathrm{d}t$$

$$=\frac{kv_0+mg}{k}\cdot\frac{m}{k}(1-\mathrm{e}^{-\frac{kt}{m}})-\frac{mg}{k}t$$

$$=\frac{0.03\times60.0+45.0\times9.8}{0.03}\times\frac{45.0}{0.03}(1-\mathrm{e}^{-\frac{0.03\times6.11}{45.0}})$$

$$-\frac{45.0\times9.8\times6.11}{0.03}=183\mathrm{m}$$

第3章　动量守恒定律和能量守恒定律

一、基本要求

(1)掌握冲量和动量的概念并能用动量定律和动量守恒定律解决问题。

(2)掌握碰撞、质点的角动量和角动量定律并能进行计算。

(3)掌握功和能的概念并能用微积分进行计算。

(4)掌握保守力和非保守力的概念，掌握势能、功能原理、机械能守恒定律。

二、内容提要

1. 质点动量定理：$\int_{\Delta t}\boldsymbol{F}\mathrm{d}t=\int_{\boldsymbol{v}_1}^{\boldsymbol{v}_2}m\mathrm{d}\boldsymbol{v}$

即 $\boldsymbol{I}=m\boldsymbol{v}_2-m\boldsymbol{v}_1$

2. 质点系的动量定理：$\int_{t_1}^{t_2}\boldsymbol{F}_{外力}\mathrm{d}t=\sum_{i=1}^{n}m_i\boldsymbol{v}_i-\sum_{i=1}^{n}m_i\boldsymbol{v}_{i0}$

或 $\boldsymbol{I}=\boldsymbol{P}-\boldsymbol{P}_0$

3. 动量守恒定律：当系统所受合外力为零时，即 $\boldsymbol{F}_{外力}=0$ 时，系统的动量的增量为零，这时系统的总动量保持不变，即

$$\boldsymbol{P}=\sum m_i\boldsymbol{v}_i=\text{恒矢量}$$

4. 变力的功：$W=\int\mathrm{d}W=\int\boldsymbol{F}\cdot\mathrm{d}\boldsymbol{S}=\int F\cos\theta\mathrm{d}s$

5. 功率：$W=\dfrac{\mathrm{d}W}{\mathrm{d}t}=\dfrac{\boldsymbol{F}\cdot\mathrm{d}\boldsymbol{S}}{\mathrm{d}t}=\boldsymbol{F}\cdot\boldsymbol{v}$

6. 动能定理：$W=E_k-E_{k0}$

7. 势能：$E_p=\int_{P}^{"0"}\boldsymbol{F}_{保}\cdot\mathrm{d}\boldsymbol{r}$

8. 功能原理：$W_{外力}+W_{非保守外力}=E-E_0$

9. 机械能守恒定律：当 $W_{外力}=0$ 和 $W_{非保守外力}=0$ 时 $E=E_0$

三、解题指导与例题

例1　质量为 m 的物体，由水平面上点 O 以初速为 v_0 抛出，v_0 与水平面成仰角 α，若不计空气阻力，求：(1)物体从抛出点 O 到最高点的过程中，重力的冲量；(2)物体从抛出点到落回至同一水平面的过程中，重力的冲量。

解：(1)物体在运动过程中只受重力作用，依 $\boldsymbol{I}=m\boldsymbol{v}_2-m\boldsymbol{v}_1$，

$$I_{水平}=mv_0\cos\alpha-mv_0\cos\alpha=0$$

$$I_{垂直}=0-mv_0\sin\alpha=-mv_0\sin\alpha$$

所以 $I_{重力}=mv_0\sin\alpha$，方向垂直向下。

(2)原理同(1)，$I_{水平}=0$

$$I_{垂直}=-mv_0\sin\alpha-mv_0\sin\alpha=-2mv_0\sin\alpha$$

所以

$$I_{重力}=2mv_0\sin\alpha，方向垂直向下。$$

例2　子弹在枪膛中前进时受到的合力与时间的关系为 $F=400-\frac{4\times10^5}{3}t$，式中，$F$ 以 N 为单位，t 以 s 为单位。设子弹的出口速率为 $300\mathrm{m\cdot s^{-1}}$，求：

(1)子弹在枪膛中运动的时间；

(2)子弹受到的冲量；

(3)子弹的质量。

解：(1)由子弹出膛时受到的合力为零，即 $F=400-\frac{4\times10^5}{3}t=0$

得

$$t=3\times10^{-3}(\mathrm{s})$$

(2)依 $\boldsymbol{I}=\int F\mathrm{d}t$，得 $I=\int_0^{3\times10^{-3}}\left(400-\frac{4\times10^5}{3}t\right)\mathrm{d}t=0.6(\mathrm{N\cdot s})$

(3)依 $\boldsymbol{I}=m\boldsymbol{v}_2-m\boldsymbol{v}_1$，即 $0.6=m\times300$，得 $m=2.0\times10^{-3}(\mathrm{kg})$

例3　一人从 10.0m 深的井中提水，起始桶中装有 10.0kg 的水，由于水桶漏水，每升高 1.00m 要漏去 0.20kg 的水。求水桶被匀速地从井中提到井口，人所做的功。

解：因为水桶匀速地运动，故人所做功的大小等于水桶所受重力做功的大小。

设水桶运动到距水面 h 米时，具有质量 $m=(10-0.2h)$

水桶运动 $\mathrm{d}h$ 时重力做功的大小 $\mathrm{d}W=mg\mathrm{d}h$

所以在整个过程中水桶所受重力做功的大小 $W=\int_H dW=\int_0^{10}(10-0.2h)g\mathrm{d}h=882(\mathrm{J})$

即为人所做的功。

例 4 用铁锤把钉子敲入墙面木板。设木板对钉子的阻力与钉子进入木板的深度成正比。若第一次敲击，能把钉子钉入木板 1.00×10^{-2} m，第二次敲击时，保持第一次敲击钉子的速度，那么第二次能把钉子钉入多深？

解：铁锤敲击钉子，其初动能转换为钉子克服阻力做功。铁锤两次敲击的速度相同，故两次钉子克服阻力做功也相同。

木板对钉子的阻力与钉子进入木板的深度成正比，即 $f=kx$

有
$$\int_0^{0.01} kx\,\mathrm{d}x=\int_{0.01}^{0.01+\Delta x} kx\,\mathrm{d}x$$

得
$$\Delta x=0.41\times10^{-2}(\mathrm{m})$$

例 5 一质量为 m 的地球卫星，沿半径为 $3R_E$ 的圆轨道运动，R_E 为地球的半径。已知地球的质量为 m_E。求(1)卫星的动能；(2)卫星的引力势能；(3)卫星的机械能。

解：(1)卫星与地球之间的引力作为卫星做圆周运动的向心力，
$$G\frac{m_Em}{(3R_E)^2}=m\frac{v^2}{3R_E}$$

得
$$E_K=\frac{1}{2}mv^2=G\frac{m_Em}{6R_E}$$

(2)取无限远为势能零点，则卫星的势能为：
$$E_P=\int_\infty^{3R_E}-G\frac{m_Em}{r^2}\mathrm{d}r=-G\frac{m_Em}{3R_E}$$

(3)机械能为：$E=E_K+E_P=G\frac{m_Em}{6R_E}-G\frac{m_Em}{3R_E}=-G\frac{m_Em}{6R_E}$

四、自 测 题

(一)选择题

1. 已知地球的质量为 m，太阳的质量为 M，地心与日心的距离为 R，引力常数为 G，则地球绕太阳做圆周运动的轨道角动量为：

(A)$m\sqrt{GMR}$；　　(B)$\sqrt{\frac{GMm}{R}}$；

(C)$Mm\sqrt{\dfrac{G}{R}}$；　　　　(D)$\sqrt{\dfrac{GMm}{2R}}$。　　　　[　　]

2. 质量分别为 m 和 $4m$ 的两个质点，分别以动能 E 和 $4E$ 沿一直线相向运动，它们的总动量大小为：

(A)$2\sqrt{2mE}$；　　　　(B)$3\sqrt{2mE}$；

(C)$5\sqrt{2mE}$；　　　　(D)$(2\sqrt{2}-1)\sqrt{2mE}$。　　　　[　　]

3. 如选择题 3 图所示，圆锥摆的摆球质量为 m，速率为 v，圆半径为 R，当摆球在轨道上运动半周时，摆球所受重力冲量的大小为：

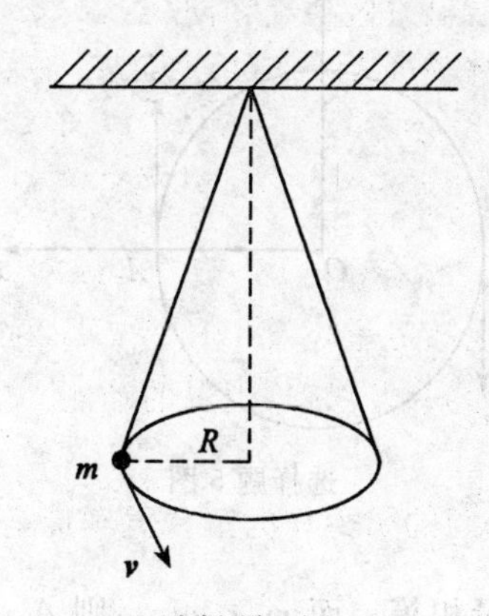

选择题 3 图

(A)$2mv$；　　　　(B)$\sqrt{(2mv)^2+(mg\pi R/v)^2}$；

(C)$\dfrac{\pi Rmg}{v}$；　　　　(D)0。　　　　[　　]

4. 如选择题 4 图所示，一斜面固定在卡车上，一物体置于该斜面上，在卡车沿水平方向加速启动的过程中，物块在斜面上无相对滑动，说明在此过程中摩擦力对物块的冲量：

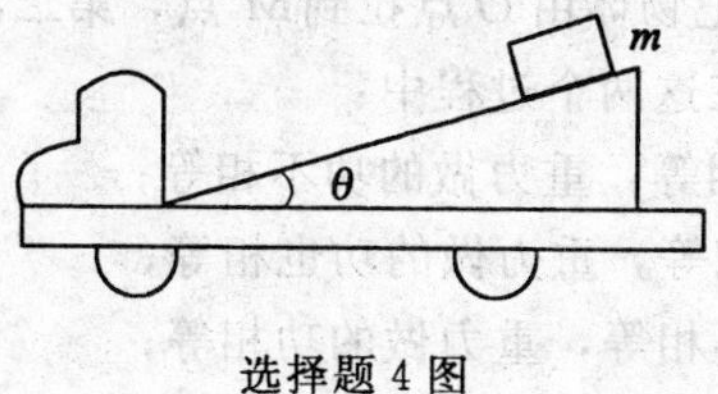

选择题 4 图

(A)水平向前；　　　　(B)只可能沿斜面向上；

(C)只可能沿斜面向下；　　(D)沿斜面向上或向下均有可能。

[　　]

5. 质量为 m 的小球在向心力作用下，在水平面内做半径为 R、速率为 v 的匀速圆周运动，如选择题 5 图所示，小球自 A 点逆时针运动到 B 点的半周内，动量的增量应为：

(A)$2mv\boldsymbol{j}$；　　(B)$-2mv\boldsymbol{j}$；

(C)$2mv\boldsymbol{i}$；　　(D)$-2mv\boldsymbol{i}$。　　[　　]

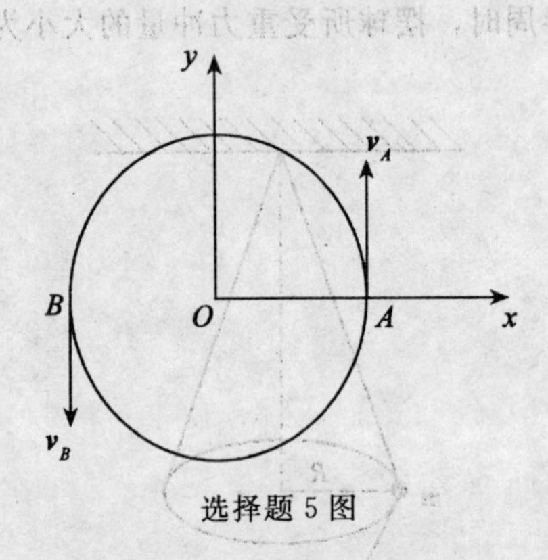

选择题 5 图

6. A，B 两物体的动量相等，而 $m_A < m_B$，则 A，B 两物体的动能：

(A)$E_{kA} < E_{kB}$；　　(B)$E_{kA} > E_{kB}$；

(C)$E_{kA} = E_{kB}$；　　(D)无法确定。　　[　　]

7. 一质点在外力作用下运动时，下述哪种说法正确？

(A)质点的动量改变时，质点的动能一定改变；

(B)质点的动能不变时，质点的动量也一定不变；

(C)外力的冲量是零，外力的功一定为零；

(D)外力的功为零，外力的冲量一定为零。　　[　　]

8. 如选择题 8 图所示，一物体挂在一弹簧下面，平衡位置在 O 点，现用手向下拉物体，第一次把物体由 O 点拉到 M 点，第二次由 O 点拉到 N 点，再由 N 点送回 M 点，则在这两个过程中：

(A)弹性力做的功相等，重力做的功不相等；

(B)弹性力做的功相等，重力做的功也相等；

(C)弹性力做的功不相等，重力做的功相等；

(D)弹性力做的功不相等，重力做的功也不相等。　　[　　]

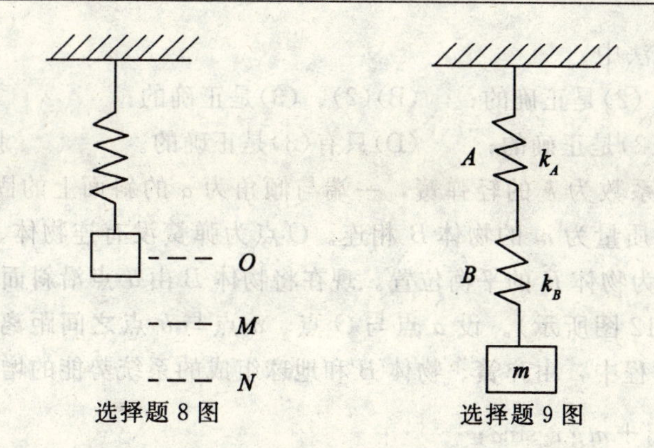

选择题 8 图　　　　选择题 9 图

9. A，B 两弹簧的倔强系数分别为 k_A 和 k_B，其质量均忽略不计，今将两弹簧连接起来并竖直悬挂，如选择题 9 图所示，当系统静止时，两弹簧的弹性势能 E_{PA} 与 E_{PB} 之比为

(A) $\frac{E_{PA}}{E_{PB}}=\frac{k_A}{k_B}$；　　(B) $\frac{E_{PA}}{E_{PB}}=\frac{k_A^2}{k_B^2}$；

(C) $\frac{E_{PA}}{E_{PB}}=\frac{k_B}{k_A}$；　　(D) $\frac{E_{PA}}{E_{PB}}=\frac{k_B^2}{k_A^2}$。　　[　　]

10. 如选择题 10 图所示，木块 m 沿固定的光滑斜面下滑，当下降 h 高度时，重力的瞬时功率是：

(A) $mg\sqrt{2gh}$；　　(B) $mg\cos\theta\sqrt{2gh}$；

(C) $mg\sin\theta\sqrt{\frac{1}{2}gh}$；　　(D) $mg\sin\theta\sqrt{2gh}$。　　[　　]

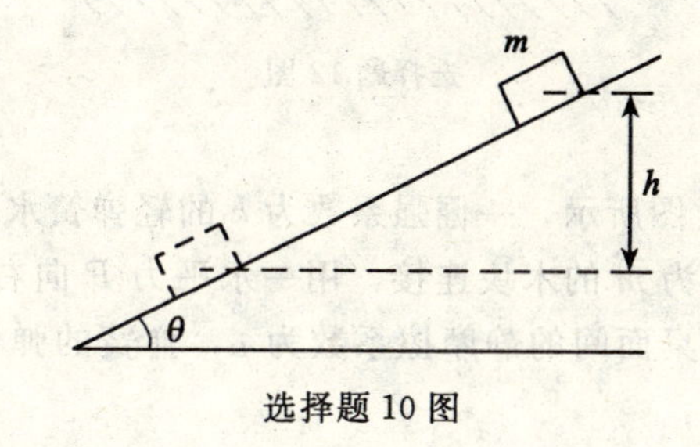

选择题 10 图

11. 对功的概念有以下几种说法：

(1)保守力做正功时，系统内相应的势能增加；

(2)质点运动经一闭合路径，保守力对质点做的功为零；

(3)作用力和反作用力大小相等、方向相反，所以两者所做功的代数和必为零；

在上述说法中：

(A)(1)、(2)是正确的；　　(B)(2)、(3)是正确的；

(C)只有(2)是正确的；　　(D)只有(3)是正确的。　　[　　]

12. 倔强系数为 k 的轻弹簧，一端与倾角为 α 的斜面上的固定挡板 A 相接，另一端与质量为 m 的物体 B 相连。O 点为弹簧没有连物体、原长时的端点位置，a 点为物体 B 的平衡位置。现在将物体 B 由 a 点沿斜面向上移动到 b 点(如选择题 12 图所示)。设 a 点与 O 点、a 点与 b 点之间距离分别为 x_1 和 x_2，则在此过程中，由弹簧、物体 B 和地球组成的系统势能的增加为：

(A) $\frac{1}{2}kx_2^2+mgx_2\sin\alpha$；

(B) $\frac{1}{2}k(x_2-x_1)^2+mg(x_2-x_1)\sin\alpha$；

(C) $\frac{1}{2}k(x_2-x_1)^2-\frac{1}{2}kx_1{}^2+mgx_2\sin\alpha$；

(D) $\frac{1}{2}k(x_2-x_1)^2+mg(x_2-x_1)\cos\alpha$.　　[　　]

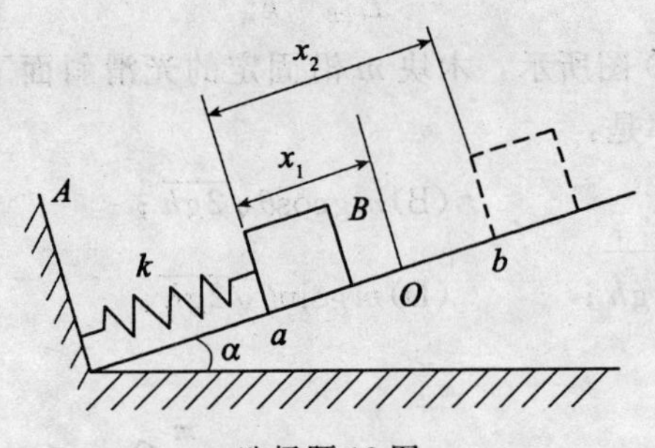

选择题 12 图

13. 如选择题 13 图所示，一倔强系数为 k 的轻弹簧水平放置，左端固定，右端与桌面上一质量为 m 的木块连接，用一水平力 F 向右拉木块而使其处于静止状态。若木块与桌面间的静摩擦系数为 μ，弹簧的弹性势能为 E_P，则下列关系式中正确的是：

(A) $E_P=\frac{(F-\mu mg)^2}{2k}$；　　(B) $E_P=\frac{(F+\mu mg)^2}{2k}$；

(C) $E_P=\frac{F^2}{2k}$；　　(D) $\frac{(F-\mu mg)^2}{2k}\leqslant E_P\leqslant\frac{(F+\mu mg)^2}{2k}$。

[　　]

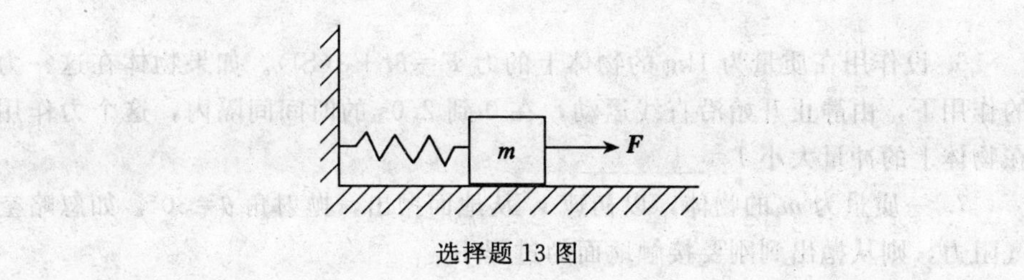

选择题 13 图

(二)填空题

1. 两个滑冰运动员的质量各为 70kg，以 $6.5\text{m}\cdot\text{s}^{-1}$ 的速率沿相反的方向滑行，滑行路线间的垂直距离为 10m，当彼此交错时，各抓住一 10m 长的绳索的一端，然后相对旋转，则抓住绳索之后各自对绳中心的角动量 $L=$ ________；他们各自收拢绳索，到绳长为 5m 时，各自的速率 $v=$ ________。

2. 静水中停泊着两只质量皆为 M 的小船，第一只船在左边，其上站一质量为 m 的人，该人以水平向右速率 v 从第一只船上跳到其右边的第二只船上，然后又以同样的速率 v 水平向左地跳回到第一只船上，此后(1)第一只船运动的速率为 $v_1=$ ________；(2)第二只船运动的速率为 $v_2=$ ________。(水的阻力不计，所有速度都相对地面而言)

3. 如填空题 3 图所示，x 轴沿水平方向，y 轴竖直向下，在 $t=0$ 时刻将质量为 m 的质点由 a 处静止释放，让它自由下落，则在任意时刻 t，质点所受的对原点 O 的力矩 $\boldsymbol{M}=$ ________；在任意时刻 t，质点对原点 O 的角动量 $\boldsymbol{L}=$ ________。

4. 地球的质量为 m，太阳的质量为 M，地心与日心的距离为 R，引力常数为 G，则地球绕太阳做圆周运动的轨道角动量为 $L=$ ________。

5. 质量为 0.05kg 的小块物体，置于一光滑水平桌面上，有一绳一端连接此物，另一端穿过桌面中心的小孔(如填空题 5 图所示)。该物体原以 3rad/s 的角速度在距孔 0.2m 的圆周上转动。今将绳从小孔缓慢往下拉，使该物体之转动半径减为 0.1m，则物体的角速度 $\omega=$ ________。

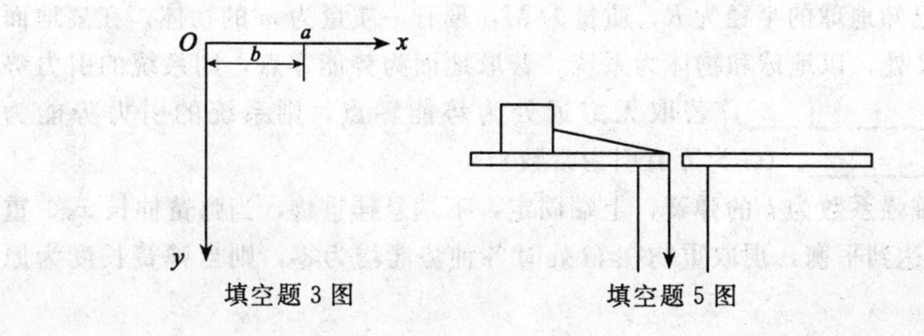

填空题 3 图　　　　填空题 5 图

6. 设作用在质量为 1kg 的物体上的力 $F=6t+3$(SI)。如果物体在这一力的作用下，由静止开始沿直线运动，在 0 到 2.0s 的时间间隔内，这个力作用在物体上的冲量大小 $I=$________。

7. 一质量为 m 的物体，以初速 $\boldsymbol{v}_0$ 从地面抛出，抛射角 $\theta=30°$，如忽略空气阻力，则从抛出到刚要接触地面的过程中

(1)物体动量增量的大小为________________；

(2)物体动量增量的方向为________________。

8. 两球质量分别为 $m_1=2.0\text{g}$，$m_2=5.0\text{g}$，在光滑的水平桌面上运动。用直角坐标 Oxy 描述其运动，两者速度分别为 $\boldsymbol{v}_1=10\boldsymbol{i}\text{cm/s}$，$\boldsymbol{v}_2=(3.0\boldsymbol{i}+5.0\boldsymbol{j})$ cm/s。若碰撞后两球合为一体，则碰撞后两球速度 $\boldsymbol{v}$ 的大小 $v=$________，$\boldsymbol{v}$ 与 x 轴的夹角 $\alpha=$________。

9. 如填空题 9 图所示，质点 P 的质量为 2kg，位置矢量为 $\boldsymbol{r}$，速度为 $\boldsymbol{v}$，它受到力 $\boldsymbol{F}$ 的作用。这三个矢量均在 Oxy 面内，且 $r=3.0\text{m}$，$v=4.0\text{m/s}$，$F=2\text{N}$，则该质点对原点 O 的角动量 $\boldsymbol{L}=$________，作用在质点上的力对原点的力矩 $\boldsymbol{M}=$________。

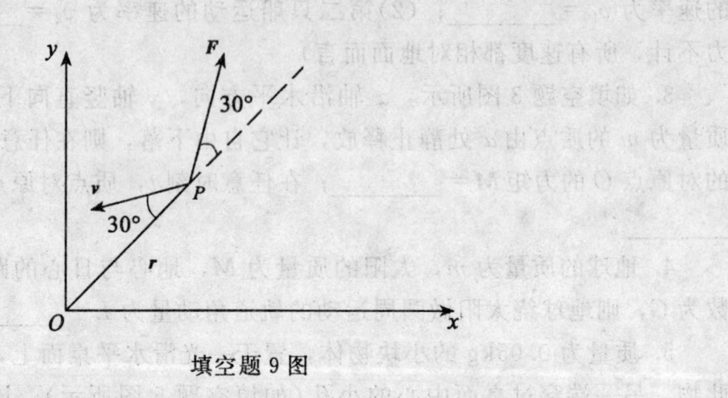

填空题 9 图

10. 保守力的特点是________________；

保守力的功与势能的关系式为________________。

11. 已知地球的半径为 R，质量为 M，现有一质量为 m 的物体，在离地面高度为 $2R$ 处，以地球和物体为系统，若取地面为势能零点，则系统的引力势能为________________；若取无穷远处为势能零点，则系统的引力势能为________________。(G 为万有引力常数)

12. 倔强系数为 k 的弹簧，上端固定，下端悬挂重物，当弹簧伸长 x_0，重物在 O 处达到平衡，现取重物在 O 处时各种势能均为零，则当弹簧长度为原

长时，系统的重力势能为________；系统的弹性势能为________；系统的总势能为________。

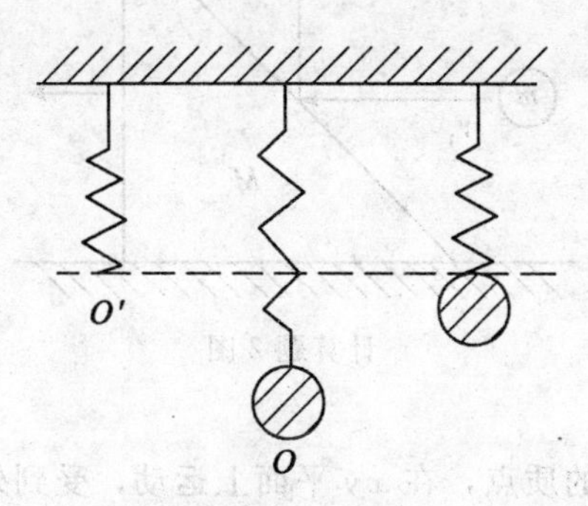

填空题12图

13. 质量为0.25kg的质点，受力$\boldsymbol{F}=t\boldsymbol{i}$(SI)的作用，式中$t$为时间，$t=0$时该质点以$\boldsymbol{v}=2\boldsymbol{j}$m/s的速度通过坐标原点，则该质点任意时刻的位置矢量是________。

14. 有两个物体A和B，已知A和B的质量以及它们的速度都不相同。若A的动量在数值上比B的动量大，则A的动能________(填"一定"或"不一定")比B的动能大。

15. 下列物理量：质量、动量、冲量、动能、势能、功中与参照系的选取有关的物理量是__________。(不考虑相对论效应)

16. 有一人造地球卫星，质量为m，在地球表面上空2倍于地球半径R的高度沿圆轨道运行，用m、R、引力常数G和地球的质量M表示：

(1)卫星的动能为________________________________；

(2)卫星的引力势能为______________________________。

(三)计算题

1. 静水中停着两只质量均为M的小船，当第一只船中的一个质量为m的人以水平速度$\boldsymbol{v}$(相对于地面)跳上第二只船后，两只船运动的速度各为多大？(忽略水对船的阻力)

2. 如计算题2图所示，质量为M的滑块正沿着光滑水平地面向右滑动，一质量为m的小球水平向右飞行，以速度$\boldsymbol{v}_1$(对地)与滑块斜面相碰，碰后竖直向上弹起，速率为v_2(对地)，若碰撞时间为Δt，试计算此过程中滑块对地的平均作用力和滑块速度增量的大小。

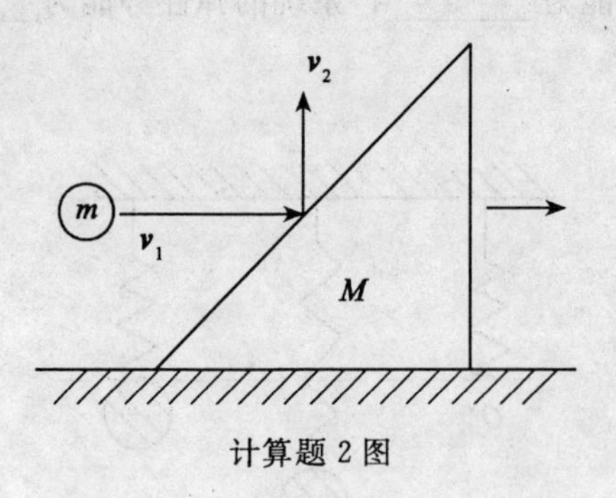

计算题 2 图

3. 一质量为 2kg 的质点，在 xy 平面上运动，受到外力 $\boldsymbol{F}=4\boldsymbol{i}-24t^2\boldsymbol{j}$(SI) 的作用，$t=0$ 时，它的初速度为 $\boldsymbol{v}_0=3\boldsymbol{i}+4\boldsymbol{j}$(m/s)，求 $t=1$s 时质点受到的法向力 $\boldsymbol{F}_n$ 的大小和方向。

4. 有一水平运动的皮带将沙子从一处运到另一处，沙子经一垂直的静止漏斗落到皮带上，皮带以恒定的速率 v 水平运动。忽略机件各部位的摩擦及皮带另一端的其他影响，试问：

(1)若每秒有质量为 $\Delta M=\mathrm{d}M/\mathrm{d}t$ 的沙子落到皮带上，要维持皮带以恒定速率 v 运动，需要多大的功率？

(2)若 $\Delta M=20$kg/s，$v=1.5$m/s，水平牵引力多大？所需功率多大？

5. 如计算题 5 图所示，一链条总长为 l，质量为 m，放在桌面上，并使其下垂，下垂一端的长度为 a，设链条与桌面之间的滑动摩擦系数为 μ，令链条由静止开始运动，则

(1)到链条离开桌面的过程中，摩擦力对链条做了多少功？(2)链条离开桌面时的速率是多少？

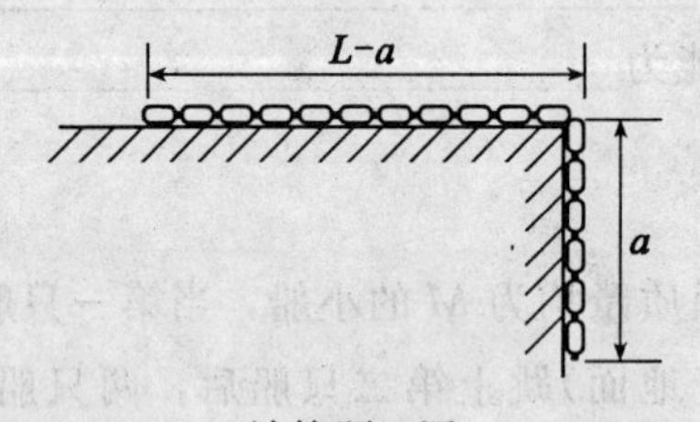

计算题 5 图

6. 一个轻质弹簧，竖直悬挂，原长为 l，今将一质量为 m 的物体挂在弹簧下端，并用手托住物体使弹簧处于原长，然后缓慢地下放物体使其到达平衡位置为止。试通过计算，比较在此过程中，系统的重力势能的减少量和弹性势

能的增量的大小。

7. 如计算题 7 图所示，悬挂的轻弹簧下端挂着质量为 m_1，m_2 的两个物体，开始时处于静止状态。现在突然把 m_1 与 m_2 间的连线剪断，求 m_1 的最大速度为多少。设弹簧的倔强系数 $k=8.9\times10^4\,\mathrm{N/m}$，$m_1=0.5\mathrm{kg}$，$m_2=0.3\mathrm{kg}$。

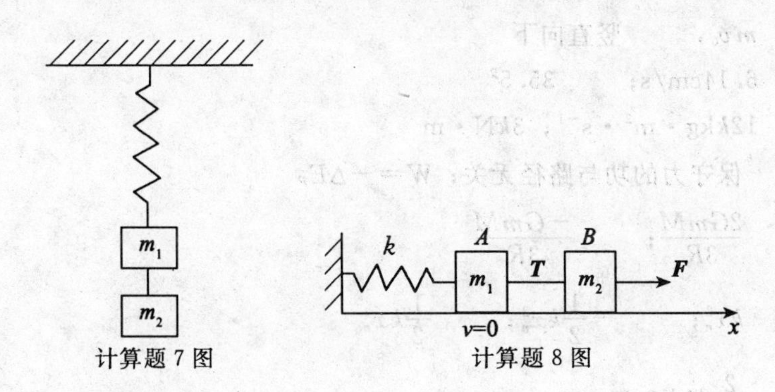

计算题 7 图　　计算题 8 图

8. 如计算题 8 图所示，倔强系数为 k 的弹簧，一端固定于墙上，另一端与一质量为 m_1 的木块 A 相接，A 又与质量为 m_2 的木块 B 用轻绳相连，整个系统放在光滑水平面上，然后以不变的力 $\boldsymbol{F}$ 向右拉 m_2，使 m_1 自平衡位置由静止开始运动。求木块 A、B 系统所受合外力为零时的速度，以及此过程中绳的拉力 T 对 m_1 所做的功，恒力 $\boldsymbol{F}$ 对 m_2 所做的功。

9. 质量 $m=2\mathrm{kg}$ 的质点在力 $\boldsymbol{F}=12t\boldsymbol{i}$(SI)的作用下，从静止出发沿 x 轴正方向做直线运动，求前 3 秒内该力所做的功。

10. 设两个粒子之间相互作用力是排斥力，其大小与它们之间的距离 r 的函数关系为 $f=k/r^3$，k 为正常数，试求这两个粒子相距为 r 时的势能。（设相互作用力为零的地方势能为零）

五、自测题参考答案

(一)选择题

1.(A)；2.(B)；3.(C)；4.(D)；5.(B)；6.(B)；7.(C)；8.(B)；9.(C)；10.(D)；11.(C)；12.(C)；13.(D)

(二)填空题

1.　$2275\mathrm{kg\cdot m^2\cdot s^{-1}}$；　　$13\mathrm{m\cdot s^{-1}}$

2.　$-\dfrac{2m}{m+M}\boldsymbol{v}$；　　$(2m/M)\boldsymbol{v}$

3. $mgb\boldsymbol{k}$；　　$mgbt\boldsymbol{k}$

4. $m\sqrt{GMR}$

5. 12rad/s

6. 18N·s

7. mv_0，　　竖直向下

8. 6.14cm/s；　　35.5°

9. $12\boldsymbol{k}\mathrm{kg\cdot m^2\cdot s^{-1}}$；$3\boldsymbol{k}\mathrm{N\cdot m}$

10. 保守力的功与路径无关；$W=-\Delta E_P$

11. $\dfrac{2GmM}{3R}$；　　$\dfrac{-GmM}{3R}$

12. kx_n^2；　　$-\dfrac{1}{2}kx_n^2$；　　$\dfrac{1}{2}kx_n^2$

13. $\dfrac{2}{3}t^3\boldsymbol{i}+2t\boldsymbol{j}$(m)

14. 不一定

15. 动量、动能、功

16. $GMm/(6R)$；　　$-GMm/(3R)$

(三)计算题

1. 解：以人与第一只船为系统，因水平方向合外力为零，所以水平方向动量守恒，则有

$$Mv_1+mv=0$$

$$v_1=-\frac{m}{M}v$$

再以人与第二只船为系统，因水平方向合外力为零，所以水平方向动量守恒，则有

$$mv=(M+m)v_2$$

$$v_2=\frac{m}{M+m}v$$

2. 解：(1) 小球 m 在与 M 碰撞过程中给 M 的竖直方向冲力在数值上应等于 M 对小球的竖直冲力，而此冲力应等于小球在竖直方向的动量变化率，即：$\overline{f}=\dfrac{mv_2}{\Delta t}$

由牛顿第三定律，小球以此力作用于 M，其方向向下。

对 M，由牛顿第二定律，在竖直方向上

$\overline{N} - Mg - \overline{f} = 0$

$\overline{N} = Mg + \overline{f}$

又由牛顿第三定律，M 给地面的平均作用力也为

$\overline{F} = \overline{f} + Mg = \dfrac{mv_2}{\Delta t} + Mg$

方向竖直向下

(2) 同理，M 受到小球的水平方向冲力大小应为

$\overline{f}' = \dfrac{mv_1}{\Delta t}$，方向与 m 原运动方向一致。

根据牛顿第二定律，对 M 有

$\overline{f}' = M\dfrac{\Delta v}{\Delta t}$，

利用上式的 $\overline{f}'$，即可得 $\Delta v = \dfrac{mv_1}{M}$

3. 解：$\boldsymbol{a} - \boldsymbol{F}/m = 2\boldsymbol{i} - 12t^2\boldsymbol{j}\,(\mathrm{m/s^2})$

$\boldsymbol{d} = \mathrm{d}\boldsymbol{v}/\mathrm{d}t$　所以，$\mathrm{d}\boldsymbol{v} = (2\boldsymbol{i} - 12t^2\boldsymbol{j}) = \mathrm{d}t$

$\int_{\boldsymbol{v}_0}^{\boldsymbol{v}} \mathrm{d}\boldsymbol{v} = \int_0^t (2\boldsymbol{i} - 12t^2\boldsymbol{j})\,\mathrm{d}t$

所以 $\boldsymbol{v} - \boldsymbol{v}_0 = 2t\boldsymbol{i} - 4t^3\boldsymbol{j}$

$\boldsymbol{v} = \boldsymbol{v}_0 + 2t\boldsymbol{i} - 4t^3\boldsymbol{j} = (3 + 2t)\boldsymbol{i} + (4 - 4t^3)\boldsymbol{j}$

当 $t = 1\mathrm{s}$ 时，　$\boldsymbol{v}_1 = 5\boldsymbol{i}\,\mathrm{m/s}$

所以 $t = 1\mathrm{s}$ 时，　$\boldsymbol{a}_n = \boldsymbol{a}_y = -12\boldsymbol{j}\,\mathrm{m/s^2}$

$\boldsymbol{F}_n = m\boldsymbol{a}_n = -24\boldsymbol{j}\,(\mathrm{N})$

4. 解：(1) 设 t 时刻落到皮带上的沙子质量为 M，速率为 v，$t + \mathrm{d}t$ 时刻，皮带上的沙子质量为 $M + \mathrm{d}M$，速率也是 v，根据动量定理，皮带作用于在沙子上的外力 F 的冲量为：

$$F\mathrm{d}t = (M + \mathrm{d}M)v - (Mv + \mathrm{d}M \cdot 0) = \mathrm{d}M \cdot v$$

所以

$$F = v\mathrm{d}M/\mathrm{d}t = v \cdot \Delta M$$

由牛顿第三定律，此力等于沙子对皮带的作用力 F'，即 $F' = F$。

由于皮带匀速运动，动力源对皮带的牵引力 $F'' = F'$，因而，

$F'' = F$，F'' 与 v 同向，动力源所供给的功率为：

$$P = \boldsymbol{F} \cdot \boldsymbol{v} = \boldsymbol{v} \cdot \boldsymbol{v}\,\frac{\mathrm{d}M}{\mathrm{d}t} = v^2\,\frac{\mathrm{d}M}{\mathrm{d}t}$$

(2) 当 $\Delta M = \dfrac{\mathrm{d}M}{\mathrm{d}t} = 20\mathrm{kg/s}$，$v = 1.5\mathrm{m/s}$ 时，

水平牵引力　　　　$F'' = v\Delta M = 30\mathrm{N}$

所需功率 $P=v^2\Delta M=45\text{W}$

5. 解：(1) 摩擦力的功

$$W_f=\int_a^l(-f)\mathrm{d}x$$

某一时刻的摩擦力为：$f=\dfrac{\mu mg(l-x)}{l}$

$$W_f=\int_a^l-\frac{\mu mg}{l}(l-x)\mathrm{d}x$$

$$=-\frac{\mu mg}{l}\left(lx-\frac{1}{2}x^2\right)$$

$$=-\frac{\mu mg}{2l}(l-a)^2$$ （“—”表示摩擦力做负功）

(2) 以链条为对象，应用质点的动能定理

$\sum W=\dfrac{1}{2}mv^2-\dfrac{1}{2}mv^2$，其中

$\sum W=W_p+W_f$，$v_n=0$

$$W_p=\int_a^l P\,\mathrm{d}x$$

$$=\int_a^l\frac{mg}{l}x\,\mathrm{d}x=\frac{mg(l^2-a^2)}{2l}$$

由(1) 知 $W_f=\dfrac{-\mu mg(l-a)^2}{2l}$

所以 $\dfrac{mg(l^2-a^2)}{2l}-\dfrac{\mu mg}{2l}(l-a)^2=\dfrac{1}{2}mv^2$

得 $v=\sqrt{\dfrac{g}{l}}\left[(l^2-a^2)-\mu(l-a)^2\right]^{\frac{1}{2}}$

6. 解：设下放距离为 x_0，则平衡时 $mg=kx_0$，

重力势能的减少为 $-\Delta E_P=mgx_0$，

弹性势能的增加为 $\Delta E_R=\dfrac{1}{2}kx_0^2=\dfrac{1}{2}mgx_0$，

所以 $-\Delta E_P>\Delta E_R$

7. 解：以弹簧仅挂重物 m_1 时，物体静止(平衡) 位置为坐标原点，竖直向下为 y 轴正向，此时弹簧伸长为：

$$l_1=\frac{m_1g}{k}\tag{1}$$

再悬挂重物 m_2 后，弹簧再获得附加伸长为

$$l_2=\frac{m_2g}{k}\tag{2}$$

当突然剪断连线去掉 m_2 后，m_1 将上升，开始做简谐振动，在平衡处速度最大，根据机械能守恒，有

$$\frac{1}{2}k(l_1+l_2)^2=\frac{1}{2}m_1v_m^2+\frac{1}{2}kl_1^2+m_1gl_2 \tag{3}$$

将(1)、(2) 代入(3) 得

$$v_m=m_2g\sqrt{1/(m_1k)}\approx 0.014\mathrm{m/s}$$

8. 解：设弹簧伸长 x_1 时，木块 A，B 所受合外力为零，

因为 $F-kx_1=0$，　所以 $x_1=F/k$

设绳的拉力 T 对 m_2 所做的功为 W_{T2}，恒力 F 对 m_2 所做的功为 W_F，木块 A，B 系统所受合外力为零时的速度为 v，弹簧在此过程中所做的功为 W_K。

对 m_1，m_2 系统，由动能定理有

$$W_F+W_K=\frac{1}{2}(m_1+m_2)v^2 \tag{1}$$

$$\text{对 } m_2 \text{ 有 } W_F+W_{T2}=\frac{1}{2}m_2v^2 \tag{2}$$

而　$W_K=-\frac{1}{2}kx_1^2=\frac{-F^2}{2k}$，

$W_F=Fx_1=\frac{F^2}{k}$

代入(1) 式可求得 $v=\frac{F}{\sqrt{k(m_1+m_2)}}$

由(2) 式可得

$$\begin{aligned}W_{T2}&=-W_F+\frac{1}{2}m_2v^2\\&=-\frac{F^2}{k}\left[1-\frac{m_2}{2(m_1+m_2)}\right]\\&=-\frac{F^2(2m_1+m_2)}{2k(m_1+m_2)}\end{aligned}$$

由于绳子拉 A 和 B 的力方向相反大小相等，而 A 和 B 的位移又相同，所以绳的拉力对 m_1 做的功为

$$W_{T1}=-W_{T2}=\frac{F^2(2m_1+m_2)}{2k(m_1+m_2)}$$

9. 解：$A=\int \boldsymbol{F}\cdot \mathrm{d}\boldsymbol{r}=\int 12tv\mathrm{d}t$

而质点的速度与时间的关系为

$$v=v_0+\int_0^t a\mathrm{d}t=0+\int_0^t\frac{F}{m}\mathrm{d}t=\int_0^t\frac{12}{2}t\mathrm{d}t=3t^2$$

所以力 $\boldsymbol{F}$ 所做的功为

$$A=\int_0^3 12t(3t^2)\,dt=\int_0^3 36t^3\,dt=729\text{J}$$

10. 解：两个粒子的相互作用力 $f=\dfrac{k}{r^3}$

已知 $f=0$ 即 $r=\infty$处为势能零点，

$$E_P=W_{P(x)}=\int_r^{\infty}\boldsymbol{f}\cdot d\boldsymbol{r}=\int_r^{\infty}\frac{k}{r^3}dr=\frac{k}{2r^2}$$

第 4 章　刚体的定轴转动

一、基 本 要 求

(1)掌握角位移、角位置、角速度、角加速度、转动惯量、力矩的概念，并能用转动定律进行计算。

(2)掌握力矩的功、刚体的动能定理、质点和刚体的角动量的概念并能用角动量定理和角动量守恒定律进行计算。

二、内 容 提 要

(1) 转动惯量：$J=\sum \Delta m_i r_i{}^2$

(2) 转动定理：$\boldsymbol{M}=J\boldsymbol{\alpha}$

(3) 力矩的功：$W=\int_0^\theta M\mathrm{d}\theta$

(4) 刚体的转动动能：$E_k=\frac{1}{2}J\omega^2$

(5) 转动的动能定理：$W=\frac{1}{2}J\omega^2-\frac{1}{2}J\omega_0^2$

(6) 质点的角动量定理：$\int_{t_1}^{t_2}\boldsymbol{M}\mathrm{d}t=\boldsymbol{L}_2-\boldsymbol{L}_1$

(7) 刚体定轴转动的角动量：$\boldsymbol{L}=J\boldsymbol{\omega}$

(8) 刚体定轴转动的角动量定理：$\int_{t_0}^{t}\boldsymbol{M}\mathrm{d}t=J\boldsymbol{\omega}-J\boldsymbol{\omega}_0$

(9) 刚体定轴转动的角动量守恒定律：若刚体所受的合外力矩为零，即 $M=0$，则

$$J\boldsymbol{\omega}=\text{恒矢量}$$

三、解题指导与例题

例 1 如例 1 图所示，一通风机的转动部分以初速度绕其轴转动，空气的阻力矩与角速度成正比，比例系数 c 为一常量，若转动部分对其轴的转动惯量为 J，问：(1) 经过多少时间后其转动角速度减少为初速度的一半？(2) 在此时间内共转过多少转？

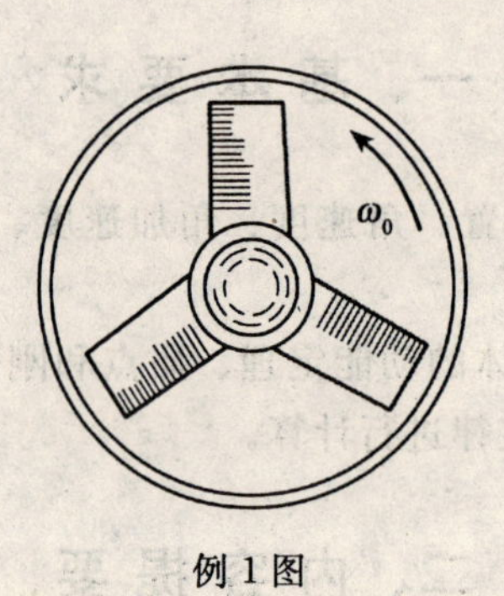

例 1 图

解：(1) 依转动定理：$M=J\alpha$，即 $M=-c\omega=J\dfrac{d\omega}{dt}$

得 $\dfrac{d\omega}{\omega}=-\dfrac{c}{J}dt$，两边同时积分：$\displaystyle\int_{\omega_0}^{\omega_0/2}\frac{d\omega}{\omega}=\int_0^t-\frac{c}{J}dt$

得 $t=\dfrac{J}{c}\ln 2$

(2) 由 $\dfrac{d\omega}{\omega}=-\dfrac{c}{J}dt$，两边同时积分：$\displaystyle\int_{\omega_0}^{\omega}\frac{d\omega}{\omega}=\int_0^t-\frac{c}{J}dt$

得 $\omega=\omega_0 e^{-\frac{c}{J}t}$，而 $\omega=\dfrac{d\theta}{dt}=\omega_0 e^{-\frac{c}{J}t}$，得 $\displaystyle\int_0^{\theta}d\theta=\int_0^{\frac{J}{c}\ln 2}\omega_0 e^{-\frac{c}{J}t}dt$

$$\theta=\frac{J\omega_0}{2c}$$

在 t 时间内共转过 N 圈，$N=\dfrac{\theta}{2\pi}=\dfrac{J\omega_0}{4\pi c}$

例 2 如例 2 图所示，A 与 B 两飞轮的轴杆可由摩擦啮合器使之连接，A 轮的转动惯量 $J_1=10.0\,kg\cdot m^2$，开始时 B 轮静止，A 轮以 $n_1=600\,rad\cdot min^{-1}$ 的转速转动，然后使 A 与 B 连接，因而 B 轮得到加速而 A 轮减速，直到两轮的

转速都等于 $n=200\text{rad}\cdot\text{min}^{-1}$ 为止。求：(1) B 轮的转动惯量；(2) 在啮合过程中损失的机械能。

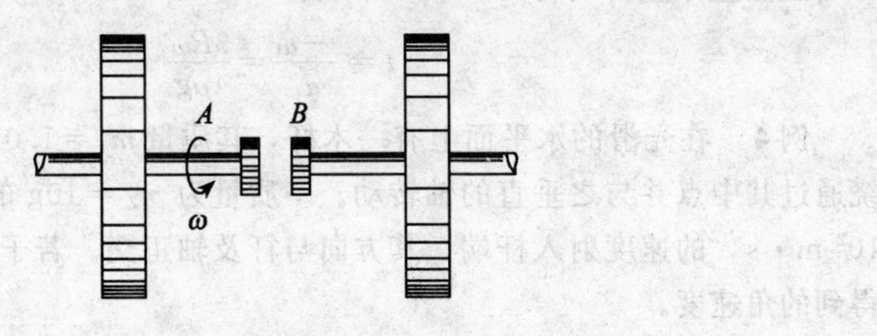

例 2 图

解：(1) 在啮合过程中系统受力对转动轴的合力矩为零，故系统的角动量守恒：

$$J_1\frac{2\pi n_1}{60}=(J_1+J_B)\frac{2\pi n}{60}$$

将已知数代入，可得 $J_B=20.0(\text{kg}\cdot\text{m}^2)$

(2) 损失的机械能 $\Delta E=E_0-E$

其中 E_0 为啮合前系统的机械能，E 为啮合后系统的机械能，$\Delta E=\frac{1}{2}J_1\left(\frac{2\pi n_1}{60}\right)^2-\frac{1}{2}(J_1+J_B)\left(\frac{2\pi n}{60}\right)^2$

将已知数代入，可得 $\Delta E=1.32\times10^4(\text{J})$

例 3　一半径为 R、质量为 m 的匀质圆盘，以角速度 ω 绕其中心轴转动，现将它平放在一水平板上，盘与板表面的摩擦因数为 μ。(1) 求圆盘所受的摩擦力矩；(2) 经多少时间后，圆盘转动才能停止？

解：(1) 将圆盘看做由无穷多个半径依次变化的圆环构成，其中一个圆环半径为 r，宽度为 $\text{d}r$，其质量为 $\text{d}m$，

$$\text{d}m=\frac{m}{\pi R^2}2\pi r\text{d}r$$

该圆环对中心轴的摩擦力矩 $\text{d}M=\mu gr\text{d}m=\frac{2\mu mgr^2}{R^2}\text{d}r$

圆盘所受的摩擦力矩 $M=\int_m\text{d}M=\int_0^R\frac{2\mu mgr^2}{R^2}\text{d}r=\frac{2}{3}\mu mgR$

(2) 依转动定理：$M=J\alpha$，$\alpha=\frac{M}{J}=\frac{-\frac{2}{3}\mu mgR}{\frac{1}{2}mR^2}=-\frac{4\mu g}{3R}$

角加速度为常量，且与 ω_0 的方向相反，表明圆盘做匀减速转动，因此有

$$\omega' = \omega + \alpha t$$

当圆盘停止转动时，$\omega' = 0$，则得

$$t = \frac{-\omega}{\alpha} = \frac{3R\omega}{4\mu g}$$

例 4 在光滑的水平面上有一木杆，其质量 $m_1 = 1.0\text{kg}$，长 $L = 40\text{cm}$，可绕通过其中点并与之垂直的轴转动。一质量为 $m_2 = 10\text{g}$ 的子弹，以 $v = 2.0 \times 10^2\ \text{m} \cdot \text{s}^{-1}$ 的速度射入杆端，其方向与杆及轴正交。若子弹陷入杆中，试求所得到的角速度。

解：在子弹撞击木杆的过程中，子弹与木杆组成的系统所受外力对木杆中心轴的合力矩为零，故系统的角动量守恒。

$$m_2 v \frac{L}{2} = \left(m_2 \left(\frac{L}{2}\right)^2 + J\right)\omega$$

J 为木杆对中心轴的转动惯量，$J = \dfrac{m_1 L^2}{12}$

将已知物理量的数值代入方程中，可得 $\omega = 29.1(\text{s}^{-1})$

四、自　测　题

(一)选择题

1. 如选择题 1 图所示，有一个小块物体，置于一光滑的水平桌面上，有一绳其一端连接此物体，另一端穿过桌面中心的小孔，该物体原以角速度 ω 在距孔为 R 的圆周上转动，今将绳从小孔缓慢往下拉，则物体

(A)动能不变，动量改变；　　(B)动量不变，动能改变；

(C)角动量不变，动量不变；　　(D)角动量改变，动量改变；

(E)角动量不变，动能、动量都改变。　　[　　]

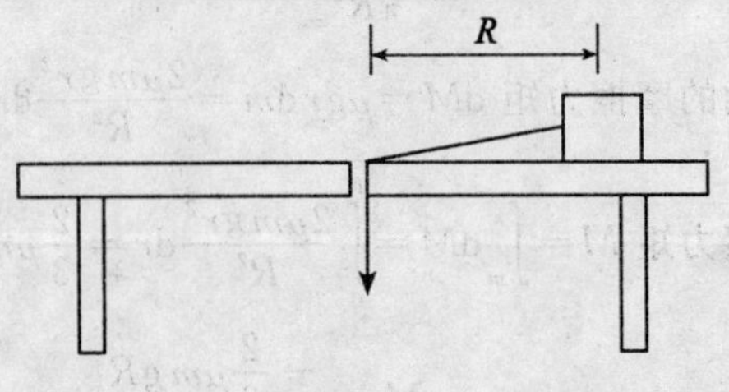

选择题 1 图

2. 一刚体以每分钟 60 转绕 z 轴做匀速转动($\vec{\omega}$ 沿 z 轴正方向)。设某时刻刚体上一点 P 的位置矢量为 $\boldsymbol{r}=3\boldsymbol{i}+4\boldsymbol{j}+5\boldsymbol{k}$，其单位为“$10^{-2}$ m”，若以“10^{-2} m · s^{-1}”为速度单位，则该时刻 P 点的速度为：

(A) $\boldsymbol{v}=94.2\boldsymbol{i}+125.6\boldsymbol{j}+157.0\boldsymbol{k}$；　　(B) $\boldsymbol{v}=-25.1\boldsymbol{i}+18.8\boldsymbol{j}$；

(C) $\boldsymbol{v}=-25.1\boldsymbol{i}-18.8\boldsymbol{j}$；　　(D) $\boldsymbol{v}=31.4\boldsymbol{k}$。　[　　]

3. 关于刚体对轴的转动惯量，下列说法中正确的是：

(A)只取决于刚体的质量，与质量的分布和轴的位置无关；

(B)取决于刚体的质量和质量的空间分布，与轴的位置无关；

(C)取决于刚体的质量、质量的空间分布和轴的位置；

(D)只取决于转轴的位置，与刚体的质量和质量的空间分布无关。

[　　]

4. 有两个力作用在一个有固定转轴的刚体上：

(1)这两个力都平行于轴作用时，它们对轴的合力矩一定是零；

(2)这两个力都垂直于轴作用时，它们对轴的合力矩可能是零；

(3)当这两个力的合力为零时，它们对轴的合力矩也一定是零；

(4)当这两个力对轴的合力矩为零时，它们的合力也一定是零。

在上述说法中，

(A)只有(1)是正确的；

(B)(1)、(2)正确，(3)、(4)错误；

(C)(1)、(2)、(3)都正确，(4)错误；

(D)(1)、(2)、(3)、(4)都正确。　[　　]

5. 质量相等的两个物体甲和乙，并排静止在光滑水平面上(如选择题 5 图所示)，现用一水平恒力 $\boldsymbol{F}$ 作用在物体甲上，同时给物体乙一个与 $\boldsymbol{F}$ 同方向的瞬时冲量 $\boldsymbol{I}$，使两物体沿同一方向运动，则两物体再次达到并排的位置所经过的时间为：

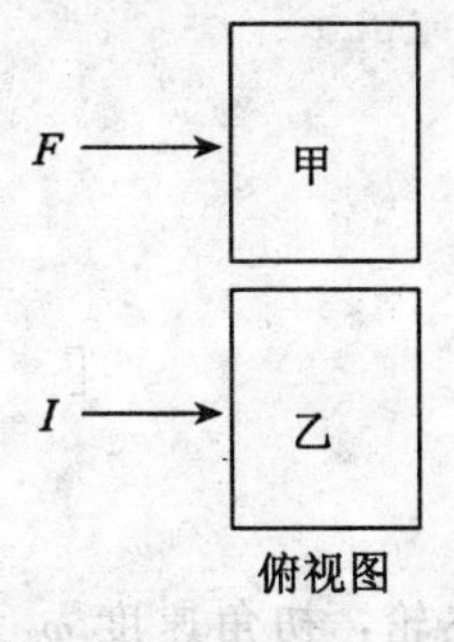

选择题 5 图

(A)$\frac{I}{F}$；　　(B)$\frac{2I}{F}$；

(C)$\frac{2F}{I}$；　　(D)$\frac{F}{I}$。　　[　　]

6. 如选择题6图所示，在光滑平面上有一个运动物体P，在P的正前方有一个连有弹簧和挡板M的静止物体Q，弹簧和挡板M的质量均不计，P与Q的质量相同，物体P与Q碰撞后P停止，Q以碰前P的速度运动，在此碰撞过程中，弹簧压缩量最大的时刻是：

(A)P的速度正好变为零时；　　(B)P与Q速度相等时；

(C)Q正好开始运动时；　　(D)Q正好达到原来P的速度时。

[　　]

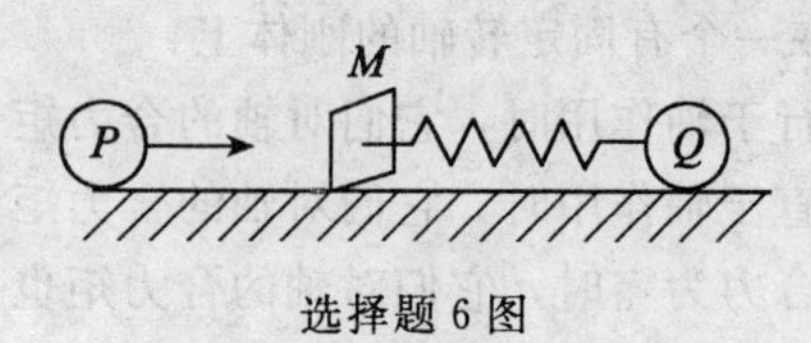

选择题6图

7. 有两个半径相同，质量相等的细圆环A和B。A环的质量分布均匀，B环的质量分布不均匀。它们对通过环心并与环面垂直的轴的转动惯量分别为J_A和J_B，则：

(A)$J_A>J_B$；　　(B)$J_A<J_B$；

(C)$J_A=J_B$；　　(D)不能确定J_A、J_B哪个大。

[　　]

8. 如选择题8图所示，一质量为m的匀质细杆AB，A端靠在粗糙的竖直墙壁上，B端置于粗糙水平地面上而静止，杆身与竖直方向成θ角，则A端对壁的压力的大小为：

(A)$\frac{1}{4}mg\cos\theta$；

(B)$\frac{1}{2}mg\tan\theta$；

(C)$mg\sin\theta$；

(D)不能唯一确定。　　[　　]

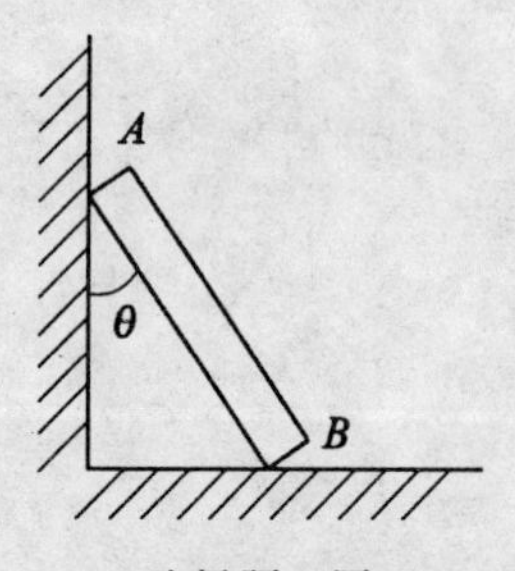

选择题8图

(二)填空题

1. 半径为$r=1.5\text{m}$的飞轮，初角速度$\omega_0=10\text{rad}\cdot\text{s}^{-1}$，角加速度$\beta=-5\text{rad}\cdot\text{s}^{-2}$，则在$t=$________时角位移

为零，而此时边缘上点的线速度 v=________。

2. 半径为 30cm 的飞轮，从静止开始以 0.50rad·s^{-2} 的匀角加速度转动，则飞轮边缘上一点在飞轮转过 240°时的切向加速度 a_t=________，法向加速度 a_n=________。

3. 如填空题 3 图所示，P、Q、R 和 S 是附于刚性轻质细杆上的质量分别为 $4m$、$3m$、$2m$ 和 m 的四个质点，$PQ=QR=RS=l$，则系统对 OO' 轴的转动惯量为________。

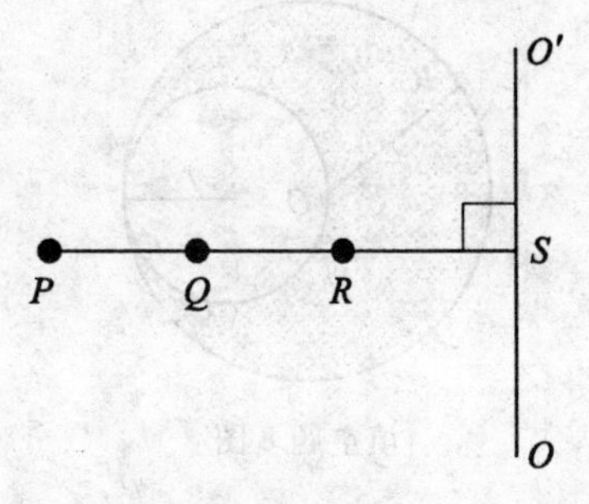

填空题 3 图

4. 决定刚体转动惯量的因素是________________。

5. 如填空题 5 图所示，质量分别为 m 和 $2m$ 的两物体(都可视为质点)，用一长为 l 的轻质刚性细杆相连，系统绕通过杆且与杆垂直的竖直固定轴 O 转动，已知 O 轴离质量为 $2m$ 的质点的距离为 $\frac{l}{3}$，质量为 m 的质点的线速度为 v 且与杆垂直，则该系统对转轴的角动量(动量矩)大小为________。

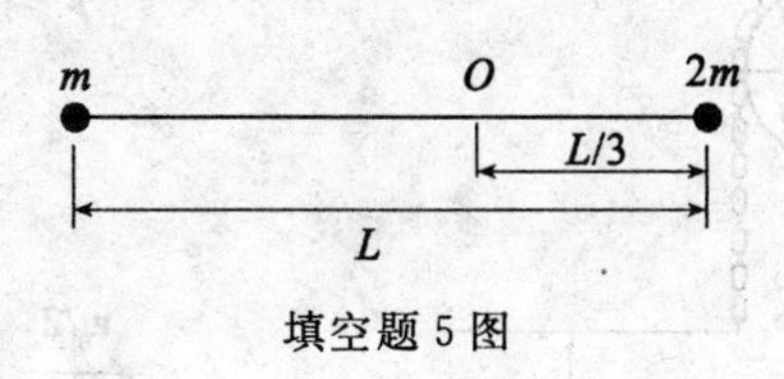

填空题 5 图

6. 一个以恒定角加速度转动的圆盘，如果在某一时刻的角速度为 $\omega_1=20\pi$ rad/s，再转 60 转后角速度为 $\omega_2=30\pi$rad/s，则角加速度 β=__________，转过上述 60 转所需的时间 Δt=________。

7. 一根质量为 m、长为 l 的均匀细杆，可在水平桌面上绕通过其一端的竖直固定轴转动。已知细杆与桌面的滑动摩擦系数为 μ，则杆转动时受的摩擦力矩的大小为________________。

8. 如填空题 8 图所示的匀质大圆盘，质量为 M，半径为 R，对于过圆心 O 点且垂直于盘面的转轴的转动惯量为$\frac{1}{2}MR^2$。如果在大圆盘中挖去图示的一个小圆盘，其质量为 m，半径为 r，且 $2r=R$，已知挖去的小圆盘相对于过 O 点且垂直于盘面的转轴的转动惯量为$\frac{3}{2}mr^2$，则挖去小圆盘后剩余部分对于过 O 点且垂直于盘面的转轴的转动惯量为________。

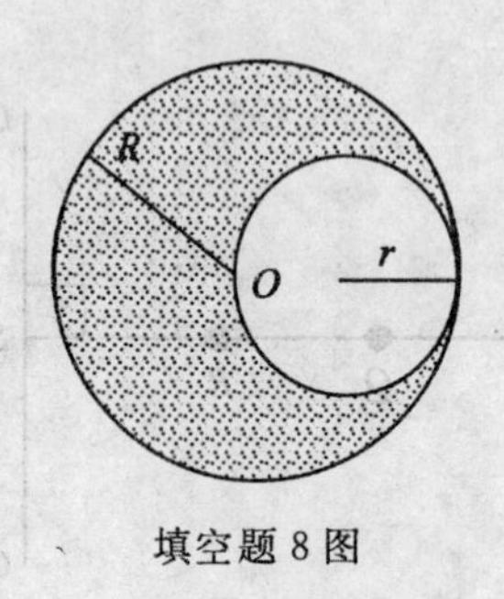

填空题 8 图

(三)计算题

1. 质量为 M 的匀质圆盘，可绕通过盘中心垂直于盘的固定光滑轴转动，绕过盘的边缘挂有质量为 m，长为 l 的匀质柔软绳索(如计算题 1 图所示)。设绳与圆盘无相对滑动，试求当圆盘两侧绳长之差为 S 时，绳的加速度的大小。

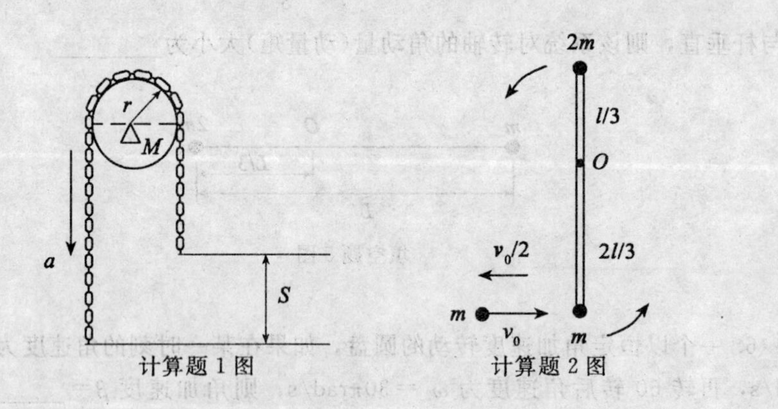

计算题 1 图　　计算题 2 图

2. 如计算题 2 图所示，长为 l 的轻杆，两端各固定质量分别为 m 和 $2m$ 的小球，杆可绕水平光滑轴在竖直面内转动，转轴 O 距两端分别为$\frac{l}{3}$和$\frac{2l}{3}$。原来静止在竖直位置，今有一质量为 m 的小球，以水平速度v_0与杆 l 下端小球 m

作对心碰撞，碰后以$\frac{v_0}{2}$的速度返回，试求碰撞后轻杆所获得的角速度。

3. 一个质点在指向中心的平方反比力 $F=k/r^2$(k 为常数)的作用下，做半径为 r 的圆周运动，求质点运动的速度和总机械能。(选取距力心无穷远处的势能为零)

4. 电风扇在开启电源后，经过 t_1 时间达到了额定转速，此时相应的角速度为 ω_n，当关闭电源后，经过 t_2 时间风扇停转。已知风扇转子的转动惯量为 J，并假定摩擦阻力矩和电机的电磁力矩均为常量，试根据已知量推算电机的电磁力矩。

五、自测题参考答案

(一)选择题

1. (E)；2. (B)；3. (C)；4. (B)；5. (B)；6. (B)；7. (C)；8. (D)

(二)填空题

1.　4s；　　$-15\text{m}\cdot\text{s}^{-1}$

2.　$0.15\text{m}\cdot\text{s}^{-2}$；　　$1.26\text{m}\cdot\text{s}^{-2}$

3.　$50ml^2$

4.　刚体的质量和质量分布以及转轴的位置

(或刚体的形状、大小、密度分布和转轴位置；或刚体的质量分布及转轴的位置。)

5.　mvl

6.　6.54rad/s^2；　　4.8s

7.　$\frac{1}{2}\mu mgl$

参考解：

$$M=\int \mathrm{d}M=\int_0^l(\mu gm/l)r\mathrm{d}r=\frac{1}{2}\mu mgl$$

8.　$J=\frac{1}{2}(4M-3m)r^2$

(三)计算题

1. 解：选坐标系如图所示，任一时刻圆盘两侧的绳长分别为 x_1、x_2。选长度为 x_1、x_2 的两段绳和绕着绳的盘为研究对象。设 a 为绳的加速度，β 为盘的角加速度，r 为盘的半径，ρ 为绳的线密度，且在 1、2 两点处绳中的张力分别为 T_1，T_2，则 $\rho=m/l$，

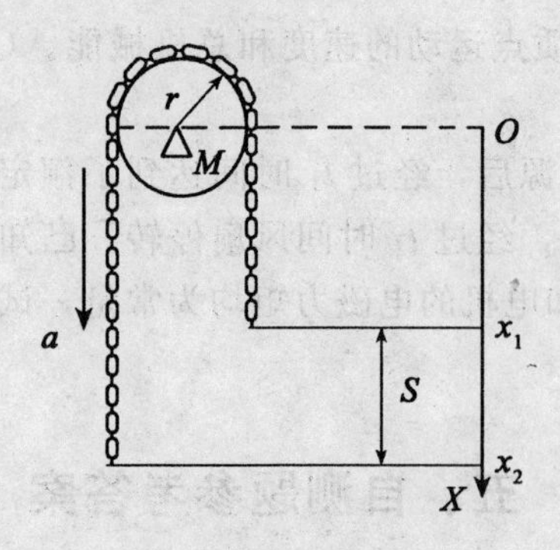

$$a=r\beta \tag{1}$$

$$x_2\rho g-T_2=x_2\rho a \tag{2}$$

$$T_1-x_1\rho g=x_1\rho a \tag{3}$$

$$(T_2-T_1)r=\left(\frac{1}{2}M+\pi r\rho\right)r^2\beta \tag{4}$$

解上述方程，利用 $l=\pi r+x_1+x_2$，并取 $x_2-x_1=S$，得

$$a=\frac{Smg}{\left(m+\frac{1}{2}M\right)l}$$

2. 解：将杆与两小球视为一刚体，由角动量守恒得

$$mv_0\frac{2l}{3}=-m\frac{v_0}{2}\frac{2l}{3}+I\omega \qquad \text{（逆时针为正向）} \tag{1}$$

又
$$I=m\left(\frac{2l}{3}\right)^2+2m\left(\frac{l}{3}\right)^2 \tag{2}$$

将(2)代入(1)得

$$\omega=\frac{3v_0}{2l}$$

3. 解：质点速度为 v，向心加速度为 v^2/r，向心力为 k/r^2。

$$\frac{k}{r^2}=m\frac{v^2}{r}, \qquad v=\sqrt{\frac{k}{mr}}$$

$r=\infty$为势能零点

$$E_P=\int_r^{\infty}\boldsymbol{F}\cdot \mathrm{d}\boldsymbol{r}=\int_r^{\infty}\frac{k}{r^2}\mathrm{d}r=-\frac{k}{r}$$

总机械能 $E=E_K+E_P=\dfrac{1}{2}mv^2-k/r$

$$=\frac{k}{2r}-\frac{k}{r}=-\frac{k}{2r}$$

4. 解：假定电机产生的电磁力矩为 M，系统的阻力矩为 M_r，则根据转动定律得

开启时 $$M-M_r=J\beta_1 \quad (1)$$

关闭时 $$-M_r=J\beta_2 \quad (2)$$

那么 $$M=J(\beta_1-\beta_2)$$

其中开启时 $$\omega_n=\beta_1 t_1 \quad (3)$$

关闭时 $$\omega_n+\beta_2 t_2=0 \quad (4)$$

由此可得 $$\beta_1=\frac{\omega_n}{t_1};\qquad \beta_2=\frac{-\omega_n}{t_2}$$

于是得到 $$M=J\omega_n\left(\frac{1}{t_1}+\frac{1}{t_2}\right)$$

第5章 静 电 场

一、基本要求

(1)理解描述静电场的两个物理量：电场强度和电势的物理意义，理解电场强度是矢量点函数，电势是标量点函数。

(2)理解带电体的理想模型(如“点”电荷、“无限大”带电平面、“无限长”带电直线等)的物理意义。

(3)理解高斯定理及静电场的环流定理是静电场的两个重要方程，它们表明静电场是有源场和保守场。

(4)掌握用点电荷电场强度和场强叠加原理以及高斯定理求解带电系统电场强度的方法，并能用场强与电势梯度的关系求解简单带电系统的场强。

(5)掌握用点电荷电势和电势叠加原理以及电势的定义求解带电系统电势的方法。

(6)理解导体静电感应原理和静电平衡概念，掌握静电平衡条件，会计算有同心导体球壳和平行导体板组合存在时带电体上的电荷分布以及空间的静电场分布。

(7)理解电介质极化概念和有电介质时的高斯定理，会计算某些有均匀电介质存在情况下静电场的电位移和场强分布。

(8)理解电容器及其电容的概念，并能计算几何形状简单的电容器的电容。

(9)理解电场能量的概念。

二、内容提要

1. 静电场的基本概念

静止电荷周围空间存在着静电场。电荷之间(即带电体之间)的相互作用是通过电场而产生的。库仑定律是相互作用的一条基本实验规律，场强叠加原理是另一条基本规律。

电场是一种特殊形态的物质，其物质性一方面体现在它对带电体的作用力，以及带电体在电场中运动时电场力对带电体做功；另一方面体现在电场具有能量、动量和电磁质量等物质的基本属性。

在国际单位制中，库仑定律表示为

$$\boldsymbol{f}_{12}=-\boldsymbol{f}_{21}=\frac{q_1q_2}{4\pi\varepsilon_0r^3}\boldsymbol{r}_{12}$$

式中q_1，q_2是真空中两个静止的点电荷；$\boldsymbol{r}_{12}$表示从q_1到q_2的位矢；$\boldsymbol{f}_{12}$表示q_2受到q_1的作用力；$\boldsymbol{f}_{21}$表示q_1受到q_2的作用力；ε_0是真空介电常数。

叠加原理成立表明场强与电势均与电量q成正比。对点电荷系，场强叠加原理的电势叠加原理为

$$\boldsymbol{E}=\sum_{i=1}^{n}=\frac{q_i}{4\pi\varepsilon_0r_i^3}\boldsymbol{r}_i$$

$$U=\sum_{i=1}^{n}\frac{q_i}{4\pi\varepsilon_0r_i}\ (U_{r\to\infty}=0)$$

对电荷连续分布的带电体，场强叠加原理和电势叠加原理则表示为

$$\boldsymbol{E}=\int_v\frac{\mathrm{d}q}{4\pi\varepsilon_0r^3}\boldsymbol{r}$$

$$U=\int_v\frac{\mathrm{d}q}{4\pi\varepsilon_0r}\qquad(U_{r\to\infty}=0)$$

2. *描述静电场的基本物理量*

(1) 电场强度$\boldsymbol{E}$：场强$\boldsymbol{E}$是描述电场性质的基本物理量，是空间点的矢量函数，即矢量场。它的定义式为

$$\boldsymbol{E}=\frac{\boldsymbol{F}}{q_0}$$

式中q_0为试验电荷，$\boldsymbol{F}$为q_0在空间某点处受的电场力，$\boldsymbol{E}$就是该点的场强。本定义式对所有电场普遍成立。

(2) 电势(电位)U：电势U也可以描述静电场的基本性质，U是空间点的标量函数，即标量场。由于静电场力做功与路径无关，可以定义电场中a，b两点之间电势差U_{ab}为

$$U_{ab}=U_a-U_b=\int_a^b\boldsymbol{E}\cdot\mathrm{d}\boldsymbol{l}$$

空间某点电势的数值与电势零点的选择有关，当带电体的电荷分布在有限区域之内时，一般取无限远处为电势零点，即$U_\infty=0$。此时静电场中某点a的电势为

$$U_a=\int_a^\infty\boldsymbol{E}\cdot\mathrm{d}\boldsymbol{l}$$

(3) 场强$\boldsymbol{E}$与电势U的关系：

积分关系——若取任一位置P为电势零点，则某点a的电势

$$U_a=\int_a^P \boldsymbol{E}\cdot \mathrm{d}\boldsymbol{l}$$

微分关系 —— 空间某点的场强 $\boldsymbol{E}$ 等于该点电势梯度的负值，即

$$\boldsymbol{E}=-\mathrm{grad}U=-\Delta U=-\frac{\mathrm{d}U}{\mathrm{d}n}\boldsymbol{n}_0$$

式中 $\boldsymbol{n}_0$ 为法线方向的单位矢量。注意，这里 $\boldsymbol{E}$ 与 ΔU 都是矢量，是点点对应关系，但是 $\boldsymbol{E}$ 与 U 之间并不是点点对应关系。

3. 静电场的基本性质

(1) 高斯定理：静电场中通过任一闭合曲面的电场强度 $\boldsymbol{E}$ 的通量等于闭合面内电荷代数和的 ε_0 分之一。即

$$\oint_{(S)}\boldsymbol{E}\cdot \mathrm{d}\boldsymbol{S}=\frac{\sum q}{\varepsilon_0}$$

(2) 静电场的环流定理：静电场的场强 $\boldsymbol{E}$ 沿任意闭合回路的积分等于零，即

$$\oint_{(l)}\boldsymbol{E}\cdot \mathrm{d}\boldsymbol{l}=0$$

4. 导体的静电平衡条件

所谓导体的静电平衡就是指导体上的电荷与电场相互作用、相互制约达到平衡的状态。导体静电平衡的根本条件是导体内部场强处处为零(导体是等势体)。这是普遍成立的，适用于导体静电平衡时的各种情况。

5. 导体静电平衡时的性质

(1) 电荷分布：

① 电荷只分布在导体表面。

② 空腔导体，当空腔内无带电体时，电荷只分布在导体的外表面；当空腔内有带电体 q 时，空腔内表面感应电荷的电量为 $-q$，外表面表感应电荷电量为 q。

③ 电荷在表面上的分布情况与表面形状以及周围环境(有无其他带电体、导体或电介质) 均有关系，比较复杂。对孤立导体而言，表面曲率大处电荷面密度大，曲率小处电荷面密度小，曲率为负值处电荷面密度最小。

(2) 导体表面场强 $\boldsymbol{E}$ 垂直于导体表面，其大小与表面该处电荷面密度 σ 成正比，即

$$E=\frac{\sigma}{\varepsilon_0}$$

对正电荷 $\sigma>0$，$\boldsymbol{E}$ 指向外法线方向；对负电荷 $\sigma<0$，$\boldsymbol{E}$ 指向导体表面。

6. 有导体存在时，静电场的场强与电势的计算

首先根据静电平衡条件和电荷守恒定律求出静电平衡条件下导体上的电荷

分布，再由电荷分布求电场分布。具体要掌握同心导体球与导体球壳组合以及平行导体板组合问题。

7. 导体的电容及电容器

(1) 电容的定义：

孤立导体的电容：$C=\dfrac{q}{U}$

式中 q 是导体所带电量，U 为导体的电势。

电容器的电容：$C=\dfrac{q}{U_{AB}}$

式中 q 为电容器一个极板所带电量(另一极板所带电量为 $-q$)，U_{AB} 为两极板间的电势差。

(2) 典型电容器的电容公式

平行板电容器：$C=\dfrac{\varepsilon S}{d}$

式中 S 为极板面积，d 为两板距离，ε 为介质的介电常数；

圆柱型电容器：$C=\dfrac{2\pi\varepsilon l}{\ln(R_B/R_A)}$

式中 R_A，R_B 分别为内外导体球半径，l 为圆柱体长度，ε 为介质的介电常数；

球型电容器：$C=\dfrac{4\pi\varepsilon R_A R_B}{R_B-R_A}$

式中 R_A，R_B 分别为内外导体球半径，ε 为介质的介电常数。

(3) 电容器的串联与并联

串联：$\dfrac{1}{C}=\dfrac{1}{C_1}+\dfrac{1}{C_2}$，　　$U=U_1+U_2$，　　$\dfrac{U_1}{U_2}=\dfrac{U_2}{U_1}$

并联：$C=C_1+C_2$，　　$q=q_1+q_2$，　　$\dfrac{U_1}{U_2}=\dfrac{C_1}{C_2}$

8. 电介质的极化

(1) 极化电荷与极化强度

处在静电场中的电介质会被极化。在介质内部出现极化电荷 q'，在介质表面出现 σ'。介质的极化状态用极化强度矢量 $\boldsymbol{P}$ 描述。极化强度 $\boldsymbol{P}$ 与极化电荷的关系为

$$\begin{cases}\oint_s \boldsymbol{E}\cdot \mathrm{d}\boldsymbol{S}=-\sum q' \\ P_n=\sigma'\end{cases}$$

(2) 电介质存在时的总电场为 $\boldsymbol{E}=\boldsymbol{E}_0+\boldsymbol{E}'$，在电介质内部 $\boldsymbol{E}<\boldsymbol{E}_0$，但是不为零。对各向同性的均匀电介质有

$$\boldsymbol{P}=\varepsilon_0\chi_e\boldsymbol{E}$$

χ_e 称为电介质的极化率。

(3) 电介质中的高斯定理，电位移矢量 $\boldsymbol{D}$

令
$$\boldsymbol{D}=\varepsilon_0\boldsymbol{E}+\boldsymbol{P}$$

则有

$$\oint_S \boldsymbol{D}\cdot \mathrm{d}\boldsymbol{S}=\sum q_0$$

称为电介质中的高斯定理，其中 $\sum q_0$ 是闭合面内自由电荷的代数和。

$\boldsymbol{D}=\varepsilon_0\boldsymbol{E}+\boldsymbol{P}$ 是 $\boldsymbol{D}$，$\boldsymbol{E}$，$\boldsymbol{P}$ 三个矢量场普遍成立的关系。对各向同性均匀电介质有

$$\boldsymbol{D}=\varepsilon_0\varepsilon_r\boldsymbol{E}=\varepsilon\boldsymbol{E}$$

$\varepsilon_r=\dfrac{\varepsilon}{\varepsilon_0}$ 为介质的相对介电常数，ε 为介质的介电常数。

利用电介质中的高斯定理，在某些情况下可以不必求出极化电荷和极化强度而直接得到总电场的分布。

9. 静电场的能量

(1) 充电电容器的能量：

$$W=\frac{1}{2}CU^2=\frac{Q^2}{2C}=\frac{1}{2}QU$$

(2) 电场能量密度：

$$w=\frac{1}{2}\varepsilon E^2$$

(3) 非均匀电场的能量：

$$W=\int_V \frac{1}{2}\varepsilon E^2\mathrm{d}V$$

三、解题指导与例题

(一) 计算电场强度的方法

1. 利用场强的叠加原理

对点电荷和点电荷系，则直接由点电荷的场强公式 $\boldsymbol{E}=\dfrac{q}{4\pi\varepsilon r^3}\boldsymbol{r}$ 和叠加原理 $\boldsymbol{E}=\sum \boldsymbol{E}_i$ 来计算场强。

若电荷呈连续性分布(按线、面或体电荷分布)，则采用矢量积分法：

(1) 将带电体视同由无限多个电荷元组成，任选电荷元 dq，写出 d$\boldsymbol{E}$ 的表达式，画出 d$\boldsymbol{E}$ 的方向。

(2) 适当选择坐标系，写出场强分量的积分表达式：

$$E_x=\int \mathrm{d}E_x,\ E_y=\int \mathrm{d}E_y,\ E_z=\int \mathrm{d}E_z$$

通过积分算出场强的各分量。

(3) 计算合场强的大小和方向。

应用叠加原理计算场强的关键是第一步，只有把带电体恰当地划分为电荷元，才能使计算可行或给计算带来方便。任选电荷元 dq 的意思是，所考察 dq 一定要置于一般位置上，这样 d$\boldsymbol{E}$ 才是随坐标而变化的量。画出 d$\boldsymbol{E}$ 的方向并分析电场分布的对称性，才能适当选择坐标系，使计算简化。

2. 利用高斯定理

首先，分析场强的分布，只有当电场分布具有球对称、平面对称和轴对称时，才可能应用高斯定理求 $\boldsymbol{E}$ 或者 $\boldsymbol{D}$，否则就不能用。

然后，选择适当的高斯面，原则是：① 待求场点必须在高斯面上；② 使高斯面的各部分或者与 $\boldsymbol{E}$ 或 $\boldsymbol{D}$ 线平行(此时局部通量为零)，或者与 $\boldsymbol{E}$ 或 $\boldsymbol{D}$ 成恒角(包括垂直)，而且面上各点 $\boldsymbol{E}$ 或 $\boldsymbol{D}$ 相等(此时 $\boldsymbol{E}$ 或 $\boldsymbol{D}$ 可从积分号中提出)。

最后，利用高斯定理和 $\boldsymbol{D}=\varepsilon\boldsymbol{E}$ 求出 $\boldsymbol{E}$ 的大小。

3. 利用场强和电势的关系

由给定的电荷分布，首先求出电势分布 $U(x,\ y,\ z)$(不是计算待求场点的电势值，而是找出电势随坐标变化的函数关系)，然后由场强与电势的微分关系式求电场强度 $\boldsymbol{E}$。

注意：利用叠加原理求 $\boldsymbol{E}$，通常要进行矢量积分，一个矢量积分相当于三个标量积分。利用场强和电势的关系求 $\boldsymbol{E}$，即先求 U(一个标量积分)，后求 $\boldsymbol{E}$(微分运算)，一般来说比较简单。

(二) 计算电势的方法

1. 根据电势的定义

若已知场强的空间分布 $\boldsymbol{E}(x,\ y,\ z)$，则可由电势的定义式求空间一点的电势。这里必须指出：

(1) 应选择适当的积分路径，以简化计算。

(2) 如空间各区域内场强的表达式不同，就应分段积分。

(3) 若带电体延伸至无限远，则不能取无限远处为电势零点，否则在计算时将遇到积分不收敛，出现电势不确定的情况。

2. 利用电势叠加原理

如果是点电荷系，则直接由点电荷的电势公式 $U=\frac{q}{4\pi\varepsilon r}$ 和叠加原理 $U=\sum U_i$ 来计算。如果电荷是连续分布的，一般要用积分法。具体步骤为：首先，将带电体划分为无限多电荷元，任选电荷元 dq，写出 dU 的表达式；然后，将所有电荷元的电势进行标量叠加，即标量积分，求得电势。

例 1 如例 1 图所示，一半径为 R 的半圆环，右半部均匀带电 $+Q$，左半部均匀带电 $-Q$。则半圆环中心 O 点的电场强度大小为多少？方向如何？

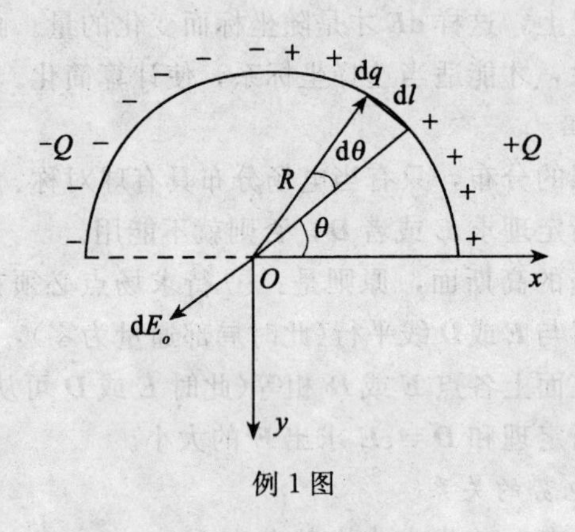

例 1 图

解：本题运用点电荷公式对电荷连续分布的带电体在空间产生的电场进行计算。

如例 1 图所示，取电荷元 $dq=\frac{2Q}{\pi R}R\,d\theta$，则电荷元在中心 O 点产生的场强为

$$dE_0=\frac{1}{4\pi\varepsilon_0}\frac{dq}{R^2}=\frac{1}{4\pi\varepsilon_0}\frac{\frac{2Q}{\pi}d\theta}{R^2}$$

由对称性可知 $\int dE_{Oy}=0$。所以

$$E_0=\int dE_{Ox}=\int dE_0\cos\theta=2\int_0^{\pi/2}\frac{Q}{2\pi^2\varepsilon_0R^2}\cos\theta d\theta=\frac{Q}{\pi^2\varepsilon_0R^2}(\sin\theta)\Big|_0^{\pi/2}=\frac{Q}{\pi^2\varepsilon_0R^2}$$

方向沿 x 轴负方向，即水平向左。

例 2 例 2 图为一个均匀带电的球层，其电荷体密度为 ρ，球层内表面半径为 R_1，外表面半径为 R_2。设无穷远处为电势零点，求该带电系统的场强分布和空腔内任一点的电势。

解：(1) 根据电场分布的球对称性，可以选以 O 为球心、半径为 r 的球面

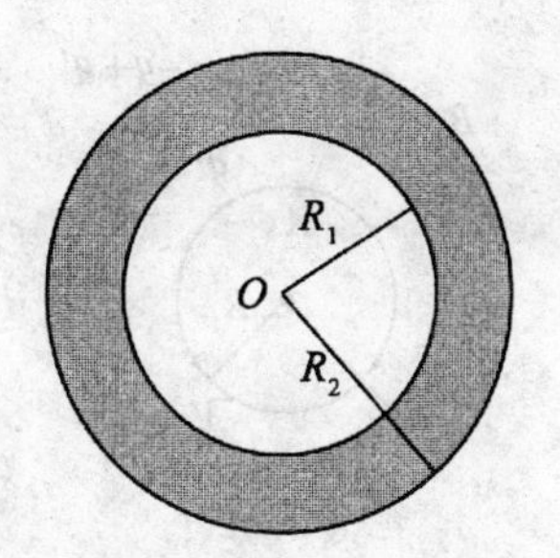

例2图

作高斯面，根据高斯定理即可求出：$E \cdot 4\pi r^2 = q_{\text{int}}/\varepsilon_0$。

在空腔内($r < R_1$)：$q_{\text{int}} = 0$，所以 $E_1 = 0$

在带电球层内($R_1 < r < R_2$)：$q_{\text{int}} = \frac{4}{3}\pi\rho(r^3 - R_1^3)$，$E_2 = \frac{\rho(r^3 - R_1^3)}{3\varepsilon_0 r^2}$

在带电球层外($r > R_2$)：$q_{\text{int}} = \frac{4}{3}\pi\rho(R_2^3 - R_1^3)$，$E_3 = \frac{\rho(R_2^3 - R_1^3)}{3\varepsilon_0 r^2}$

(2) 空腔内任一点的电势为

$$U = \int_r^\infty E\mathrm{d}r = \int_r^{R_1} 0\mathrm{d}r + \int_{R_1}^{R_2} \frac{\rho(r^3 - R_1^3)}{3\varepsilon_0 r^2}\mathrm{d}r + \int_{R_2}^\infty \frac{\rho(R_2^3 - R_1^3)}{3\varepsilon_0 r^2}\mathrm{d}r = \frac{\rho}{2\varepsilon_0}(R_2^2 - R_1^2)$$

还可用电势叠加法求空腔内任一点的电势。在球层内取半径为 $r \to r + \mathrm{d}r$ 的薄球层，其电量为 $\mathrm{d}q = \rho \cdot 4\pi r^2 \mathrm{d}r$

$\mathrm{d}q$ 在球心处产生的电势为 $\mathrm{d}U = \frac{\mathrm{d}q}{4\pi\varepsilon_0 r} = \frac{\rho r \mathrm{d}r}{\varepsilon_0}$

整个带电球层在球心处产生的电势为

$$U_0 = \int \mathrm{d}U_0 = \frac{\rho}{\varepsilon_0}\int_{R_1}^{R_2} r\mathrm{d}r = \frac{\rho}{2\varepsilon_0}(R_2^2 - R_1^2)$$

因为空腔内为等势区($E = 0$)，所以空腔内任一点的电势 U 为

$$U = U_0 = \frac{\rho}{2\varepsilon_0}(R_2^2 - R_1^2)$$

例3 两个半径分别为 R_1 和 R_2($R_1 < R_2$)的同心薄金属球壳，如例3图所示，现给内球壳带电 $+q$，试计算：

(1) 外球壳上的电荷分布及电势大小；

(2) 先把外球壳接地，然后断开接地线重新绝缘，此时外球壳的电荷分布及电势；

(3) 再使内球壳接地，此时内球壳上的电荷以及外球壳上的电势的改变量。

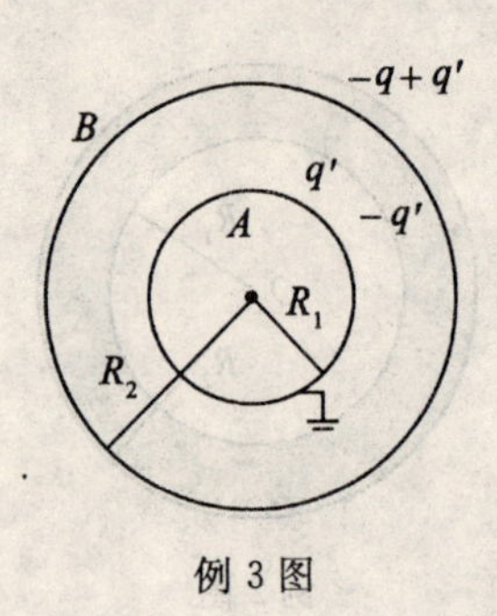

例 3 图

解：(1) 内球带电 $+q$，球壳内表面带电则为 $-q$，外表面带电为 $+q$，且均匀分布，其电势

$$U=\int_{R_2}^{\infty}\boldsymbol{E}\cdot \mathrm{d}\boldsymbol{r}=\int_{R_2}^{\infty}\frac{q\mathrm{d}r}{4\pi\varepsilon_0 r^2}=\frac{q}{4\pi\varepsilon_0 R_2}$$

(2) 外壳接地时，外表面电荷 $+q$ 入地，外表面不带电，内表面电荷仍为 $-q$。所以球壳电势由内球 $+q$ 与内表面 $-q$ 产生：

$$U=\frac{q}{4\pi\varepsilon_0 R_2}-\frac{q}{4\pi\varepsilon_0 R_2}=0$$

(3) 设此时内球壳带电量为 q'，则外壳内表面带电量为 $-q'$，外壳外表面带电量为 $-q+q'$(电荷守恒)，此时内球壳电势为零，且有

$$U=\frac{q'}{4\pi\varepsilon_0 R_1}-\frac{q'}{4\pi\varepsilon_0 R_2}+\frac{-q+q'}{4\pi\varepsilon_0 R_2}=0$$

以及

$$q'=\frac{R_1}{R_2}q,$$

得外球壳上电势为：

$$U_B=\frac{q'}{4\pi\varepsilon_0 R_1}-\frac{q'}{4\pi\varepsilon_0 R_2}+\frac{-q+q'}{4\pi\varepsilon_0 R_2}=\frac{(R_1-R_2)q}{4\pi\varepsilon_0 R_2^2}$$

例 4　两个同轴的圆柱面，长度均为 l，半径分别为 R_1 和 $R_2(R_1<R_2)$，且 $l\gg R_2-R_1$，两柱面之间充有介电常数为 ε 的均匀电介质。当两圆柱面分别带等量异号电荷 Q 和 $-Q$ 时，求：

(1) 在半径 r 处($R_1<r<R_2$)，厚度为 $\mathrm{d}r$，长为 l 的圆柱薄壳中任一点的电场能量密度和整个薄壳中的电场能量；

(2) 电介质中的总电场能量；

(3) 圆柱形电容器的电容。

解：取半径为 r 的同轴圆柱面 S

$$\oint_S \boldsymbol{D} \cdot \mathrm{d}\boldsymbol{S} = 2\pi r l D$$

则当 $R_1 < r < R_2$ 时，$\sum q = Q$

所以 $D = \dfrac{Q}{2\pi r l}$

(1) 电场能量密度：$w = \dfrac{D^2}{2\varepsilon} = \dfrac{Q^2}{8\pi^2 \varepsilon r^2 l^2}$

薄壳中：$\mathrm{d}W = w\mathrm{d}v = \dfrac{Q^2}{8\pi^2 \varepsilon r^2 l^2} 2\pi r l \,\mathrm{d}r = \dfrac{Q^2 \mathrm{d}r}{4\pi \varepsilon r l}$

(2) 电介质中总电场能量：$W = \displaystyle\int_V \mathrm{d}W = w\mathrm{d}v = \int_{R_1}^{R_2} \frac{Q^2 \mathrm{d}r}{4\pi \varepsilon r l} = \frac{Q^2}{4\pi \varepsilon l} \ln \frac{R_2}{R_1}$

(3) 电容：因为 $W = \dfrac{Q^2}{2C}$

所以 $C = \dfrac{Q^2}{2W} = \dfrac{2\pi \varepsilon l}{\ln(R_2/R_1)}$

四、自　测　题

(一)选择题

1. 一带电体可作为点电荷处理的条件是：

(A)电荷必须呈球形分布；　　　　(B)带电体的线度很小；

(C)带电体的线度与其他有关长度相比可忽略不计；

(D)电量很小。　　　　[　　]

2. 已知一高斯面所包围的体积内电量代数和 $\sum q_i = 0$，则可肯定：

(A) 高斯面上各点场强均为零；

(B) 穿过高斯面上每一面元的电通量均为零；

(C) 穿过整个高斯面的电通量为零；

(D) 以上说法都不对。　　　　[　　]

3. 半径为 r 的均匀带电球面 1，带电量为 q；其外有一同心的半径为 R 的均匀带电球面 2，带电量为 Q，则此两球面之间的电势差 $U_1 - U_2$ 为：

(A) $\dfrac{q}{4\pi\varepsilon_0}\left(\dfrac{1}{r} - \dfrac{1}{R}\right)$；　　(B) $\dfrac{Q}{4\pi\varepsilon_0}\left(\dfrac{1}{R} - \dfrac{1}{r}\right)$；

(C) $\dfrac{1}{4\pi\varepsilon_0}\left(\dfrac{q}{r} - \dfrac{Q}{R}\right)$；　　(D) $\dfrac{q}{4\pi\varepsilon_0 r}$。　　[　　]

4. 关于静电场中某点电势值的正负，下列说法中正确的是：

(A)电势值的正负取决于置于该点的试验电荷的正负；

(B)电势值的正负取决于电场力对试验电荷做功的正负；

(C)电势值的正负取决于电势零点的选取；

(D)电势值的正负取决于产生电场的电荷的正负。 [ ]

5. 关于电场强度与电势之间的关系，下列说法中，哪一种是正确的？

(A)在电场中，场强为零的点，电势必为零；

(B)在电场中，电势为零的点，电场强度必为零；

(C)在电势不变的空间，场强处处为零；

(D)在场强不变的空间，电势处处相等。 [ ]

6. 如选择题6图所示，一带电大导体平板，平板两个表面的电荷面密度的代数和为σ，置于电场强度为$\boldsymbol{E}_0$的均匀外电场中，且使板面垂直于$\boldsymbol{E}_0$的方向，设外电场分布不因带电平板的引入而改变，则板的附近左、右两侧的合场强为：

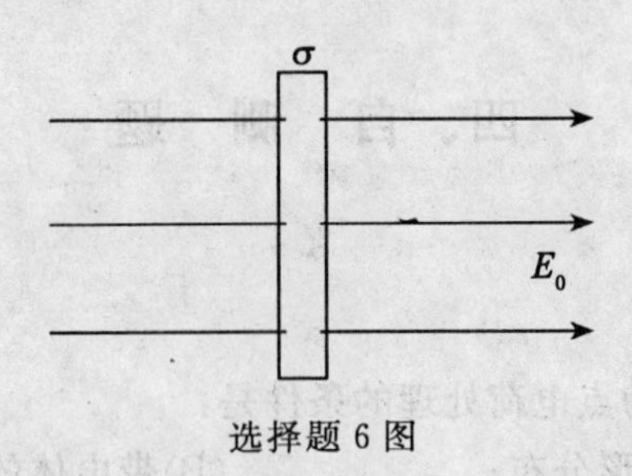

选择题6图

(A)$E_0-\frac{\sigma}{2\varepsilon_0}$，$E_0+\frac{\sigma}{2\varepsilon_0}$； (B)$E_0+\frac{\sigma}{2\varepsilon_0}$，$E_0-\frac{\sigma}{2\varepsilon_0}$；

(C)$E_0-\frac{\sigma}{2\varepsilon_0}$，$E_0-\frac{\sigma}{2\varepsilon_0}$； (D)$E_0+\frac{\sigma}{2\varepsilon_0}$，$E_0+\frac{\sigma}{2\varepsilon_0}$。 [ ]

7. 当一个导体达到静电平衡时：

(A)表面上电荷密度较大处电势较高；

(B)表面曲率较大处电势较高；

(C)导体内部的电势比导体表面的电势高；

(D)导体内任一点与其表面上任一点的电势差等于零。 [ ]

(二)填空题

1. 一均匀带电直导线长为d，电荷线密度为$+\lambda$，以导线中点为球心，R为半径($R>d$)作一球面，如填空题1图所示，则通过该球面的电场强度通量为________，带电直导线的延长线与球面交点P处的电场强度的大小为

________，方向为________。

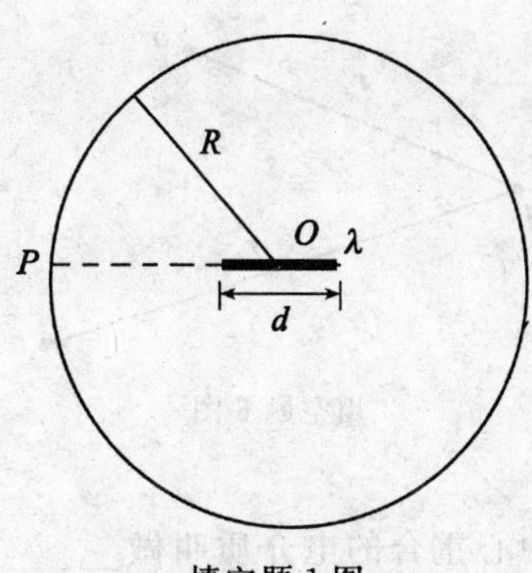

填空题 1 图

2. 一“无限长”均匀带电的空心圆柱体，内半径为 a，外半径为 b，电荷体密度为 ρ。若作一半径为 $r(a<r<b)$、长度为 L 的同轴圆柱形高斯柱面，则其中包含的电量 $q=$________。

3. 半径为 R 的不均匀带电球体，电荷体密度分布为 $\rho=Ar$，式中 r 为离球心的距离($r\leqslant R$)，A 为一常数，则球体上的总电量 $q=$________。

4. 一半径为 R 的带有一缺口的细圆环，缺口长度为 $d(d\ll R)$，均匀带正电，总电量为 q，如填空题 4 图所示，则圆心 O 处的场强大小 $E=$________，场强方向为________。

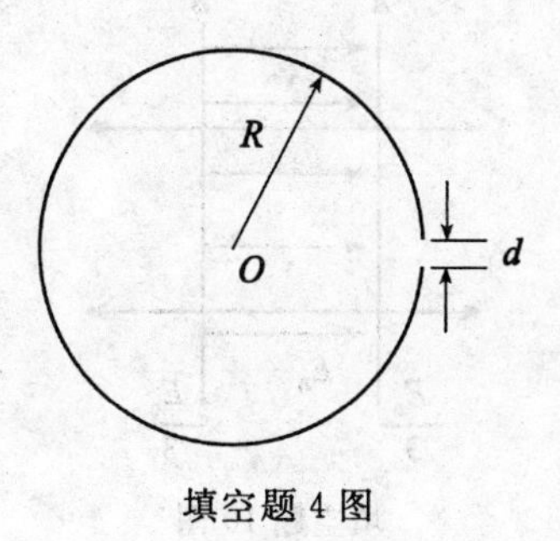

填空题 4 图

5. 一电子和一质子相距 2×10^{-10} m(两者静止)，将此两粒子分开到无穷远距离时(两者仍静止)需要的最小能量是________ eV。$\left(\dfrac{1}{4\pi\varepsilon_0}=9\times10^{9}\,\text{N}\cdot\text{m}^2/\text{C}^2,\ 1\text{eV}=1.6\times10^{-19}\,\text{J}\right)$

6. 如填空题 6 图所示，在电量为 q 的点电荷的静电场中，与点电荷相距

分别为 r_a 和 r_b 的 a，b 两点之间的电势差 $U_a-U_b=$________。

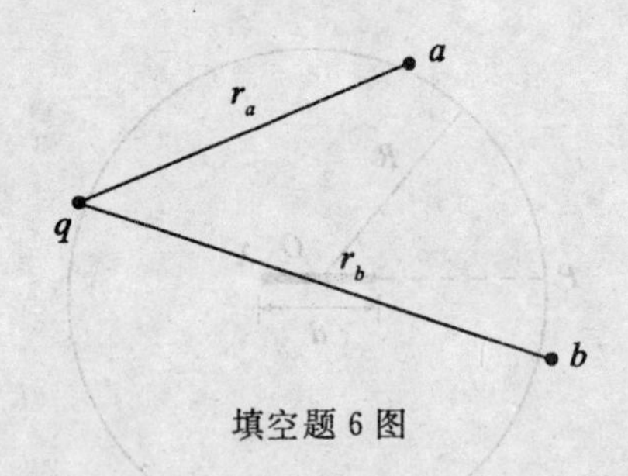

填空题 6 图

7. 分子的正负电荷中心重合的电介质叫做________电介质，在外电场作用下，分子的正负电荷中心发生相对位移，形成________。

8. 电介质在电容器中的作用是：(1)________，(2)________。

9. 一平行板电容器，两板间充满各向同性均匀电介质，已知相对介电常数为 ε_r，若极板上的自由电荷面密度为 σ，则介质中电位移的大小 $D=$________，电场强度的大小 $E=$________。

10. A，B 为真空中两个平行的“无限大”均匀带电平面，已知两平面间的电场强度大小为 E_0，两平面外侧电场强度大小都为 $\frac{E_0}{3}$，方向如填空题 10 图所示，则 A，B 两平面上的电荷面密度分别为 $\sigma_A=$________；$\sigma_B=$________。

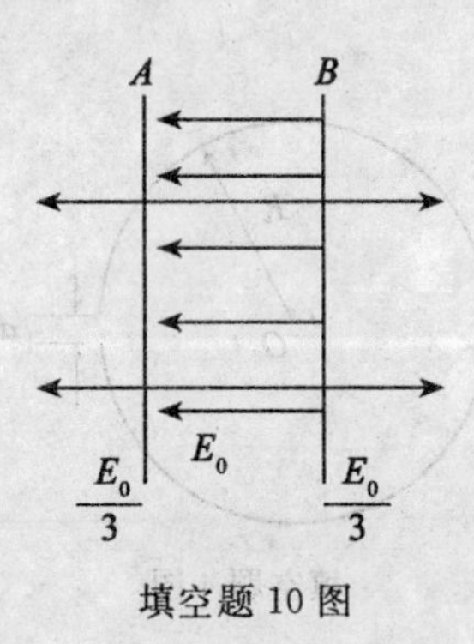

填空题 10 图

11. 真空中电量分别为 q_1 和 q_2 的两个点电荷，当它们相距为 r 时，该电荷系统的相互作用电势能 $W=$________。(设当两个点电荷相距无穷远时电势能为零)。

(三)计算题

1. 试证明均匀带电圆环轴线上任一给定点 P 处的场强公式为

$$E=\frac{1}{4\pi\varepsilon_0}\frac{qx}{(x^2+R^2)^{3/2}}$$

式中 q 为圆环所带的电量，R 为圆环的半径，x 为 P 点到环心的距离。

2. 长为 $L=15\text{cm}$ 的直导线 AB 上，设想均匀分布着线密度 $\lambda=5.00\times10^{-9}\text{C}\cdot\text{m}^{-1}$ 的正电荷(如计算题 2 图所示)。求：(1)在导线的延长线上 B 端相距 $d_1=5.0\text{cm}$ 处的 P 点的场强；(2)在导线的垂直平分线上与导线中点相距 $d_2=5.0\text{cm}$ 处 Q 点的场强。

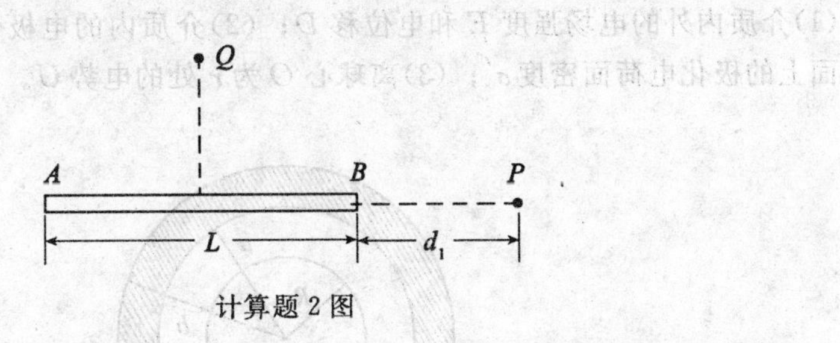

计算题 2 图

3. 两个无限长同轴圆柱面，半径分别为 R_1 和 R_2，带有等量异号电荷，每单位长度的电量为 λ(即电荷线密度)。试分别求出(1)$r<R_1$，(2)$r>R_2$ 和(3)$R_1<r<R_2$ 时，离轴线为 r 处的电场强度。

4. 若电荷以相同的面密度 σ 均匀分布在半径分别为 $r_1=10\text{cm}$ 和 $r_2=20\text{cm}$ 的两个同心球面上，设无穷远处电势为零，已知球心电势为 300V，试求两球面的电荷面密度 σ 的值。($\varepsilon_0=8.85\times10^{-12}\text{C}^2/(\text{N}\cdot\text{m}^2)$)

5. 一无限大平行板电容器如计算题 5 图所示，设 A，B 两板相距 5.0cm，板上各带电荷 $\sigma=3.3\times10^{-5}\text{C}\cdot\text{m}^{-2}$，$A$ 板带正电，B 板带负电并接地(地的电势为零)。求：(1)在两板之间离 A 板 1.0cm 处 P 点的电势；(2)A 板的电势。

6. 两个同心金属球壳，内球壳半径为 R_1，外球壳半径为 R_2，中间是空气，构成一个球形空气电容器。设内外球壳上分别带有电荷 $+Q$ 和 $-Q$，求：(1)电容器的电容；(2)电容器存储的能量。

7. 一个充有各向同性均匀介质的平行板电容器，充电到 1000V 后与电源断开，然后把介质从极板间抽出，此时板间电势差升高到 3000V，试求该介质的相对介电常数。

8. 半径为 R 的导体球，带有电荷 Q，球外有一均匀电介质的同心球壳，球壳的内外半径分别为 a 和 b，相对介电系数为 ε_r，如计算题 8 图所示。求：

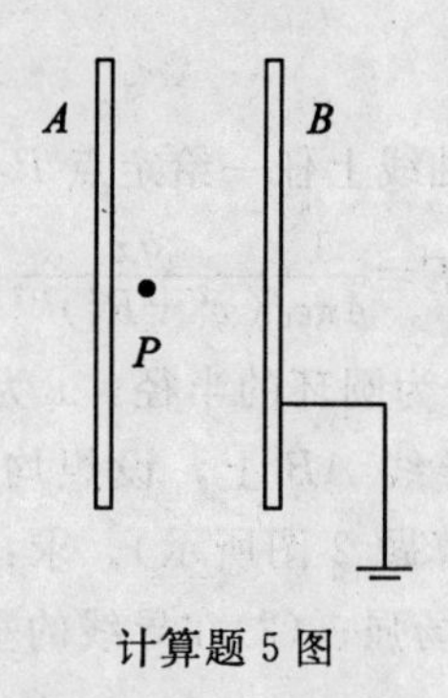

计算题 5 图

(1)介质内外的电场强度 E 和电位移 D；(2)介质内的电极化强度 P 和介质表面上的极化电荷面密度 σ'；(3)离球心 O 为 r 处的电势 U。

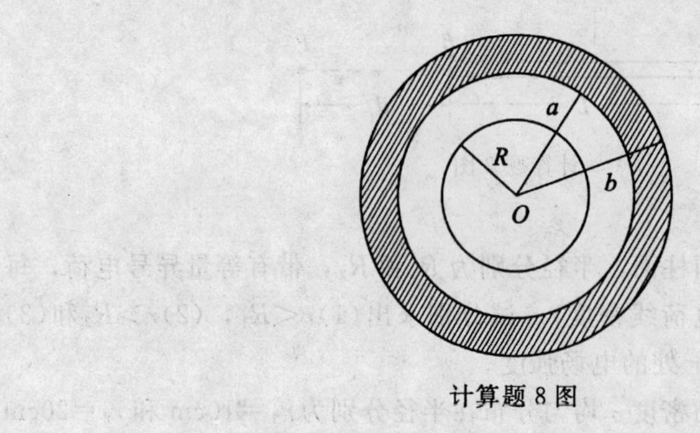

计算题 8 图

五、自测题参考答案

(一) 选择题

1.(C)；2.(C)；3.(A)；4.(C)；5.(C)；6.(A)；7.(D)

(二) 填空题

1. $\dfrac{\lambda d}{\varepsilon_0}$；　$\dfrac{\lambda d}{\pi\varepsilon_0(4R^2-d^2)}$；　沿矢径 OP

2. $\rho\pi L(r^2-a^2)$

3. πAR^4

4. $\dfrac{qd}{4\pi\varepsilon_0 R^2(2\pi R-d)}\approx\dfrac{qd}{8\pi^2\varepsilon_0 R^3}$；　　从 O 点指向缺口中心点

5. 3

6. $\dfrac{q}{4\pi\varepsilon_0}\left(\dfrac{1}{r_a}-\dfrac{1}{r_b}\right)$

7. 无极分子；　　电偶极子

8. 增大电容；　　提高电容器的耐压能力

9. σ；　　$\sigma/(\varepsilon_0\varepsilon_r)$

10. $-\dfrac{2\varepsilon_0 E_0}{3}$；$\dfrac{4\varepsilon_0 E_0}{3}$

11. $\dfrac{q_1 q_2}{(4\pi\varepsilon_0 r)}$

(三) 计算题

1. 解：其电量为：$\mathrm{d}q=\dfrac{q}{2\pi R}\mathrm{d}l$；

则 $\mathrm{d}q$ 在 p 点产生的场强 $\mathrm{d}\boldsymbol{E}$ 的大小为 $\mathrm{d}\boldsymbol{E}=\dfrac{\mathrm{d}q}{4\pi\varepsilon_0 r^2}=\dfrac{q\mathrm{d}l}{4\pi\varepsilon_0\cdot 2\pi R r^2}$；

方向如图；$\mathrm{d}\boldsymbol{E}$ 的平行和垂直于 x 轴的分量分别为：$\mathrm{d}E_x=\mathrm{d}E\cos\theta$；$\mathrm{d}E_y=\mathrm{d}E\sin\theta$。

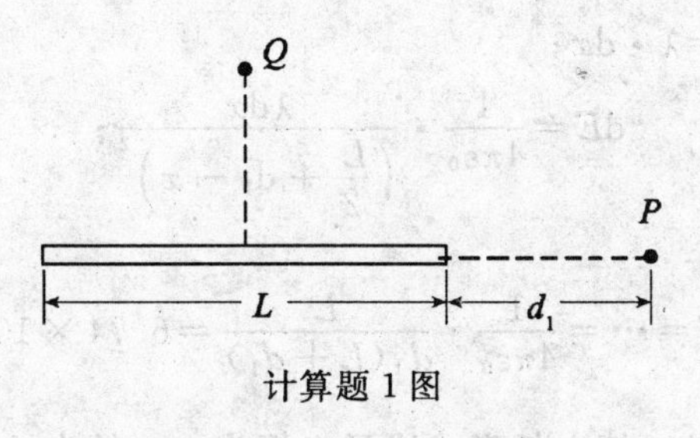

计算题 1 图

由于对称性，各线元产生的场强的垂直分量在合成时全部相互抵消，故 P 点的场强等于平行分量的叠加：$E=\oint_L \mathrm{d}E_x=\oint_L \mathrm{d}E\cos\theta=\dfrac{q}{4\pi\varepsilon_0\cdot 2\pi R}\cdot\dfrac{\cos\theta}{r^2}\oint_L \mathrm{d}l=\dfrac{q\cos\theta}{4\pi\varepsilon_0 r^2}$；

由几何关系有：$\cos\theta=\dfrac{x}{r}$；$r^2=R^2+x^2$；

故 $E=\dfrac{qx}{4\pi\varepsilon_0(x^2+R^2)^{\frac{3}{2}}}$

2. 解：(1) 建立直角坐标系 xOy；

P 点坐标为：$\left(\frac{L}{2}+d_1,\ 0\right)$；

棒上任意一线元坐标为 x，长为 $\mathrm{d}x$，

在 P 处产生电场强度元 $\mathrm{d}E$；

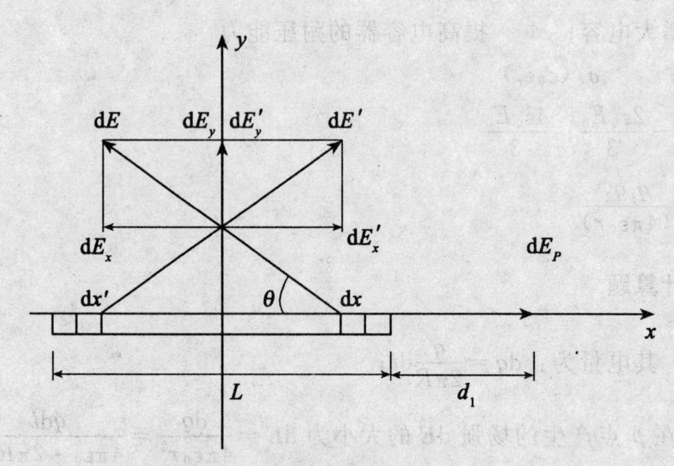

计算题 2 图

方向沿 x 轴正向。

其电量为：$\mathrm{d}q=\lambda\cdot\mathrm{d}x$；

$$\mathrm{d}E=\frac{1}{4\pi\varepsilon_0}\cdot\frac{\lambda\mathrm{d}x}{\left(\frac{L}{2}+\mathrm{d}_1-x\right)^2};$$

所以 $E_p=\int_{-\frac{L}{2}}^{\frac{L}{2}}\mathrm{d}E=\cdots=\frac{1}{4\pi\varepsilon_0}\cdot\frac{L}{d_1(L+d_1)}=6.74\times10^2\,(\mathrm{V/m})$

(2) 标为$(0,\ d_2)$；棒上任意一线元坐标为 x，长为 $\mathrm{d}x$，在 Q 处产生电场强度元 $\mathrm{d}E$；

应当注意到：与之关于 y 轴对称的线元坐标为 $-x$，长为 $\mathrm{d}x$，在 Q 处产生电场强度元 $\mathrm{d}E'$；

它们的 x 轴分量大小相等，方向相反，即：$\mathrm{d}E_x=\mathrm{d}E'_x$。

故 Q 处合场强方向沿 y 轴正向，大小为：$E_Q=\int_{-\frac{L}{2}}^{\frac{L}{2}}\mathrm{d}E_y$；

$$\mathrm{d}E_y=\mathrm{d}E\sin\theta=\frac{1}{4\pi\varepsilon_0}\cdot\frac{\lambda\mathrm{d}x}{x^2+{d_2}^2}\cdot\frac{d_2}{\sqrt{x^2+d_2^2}};$$

$$E_Q=\frac{\lambda L}{4\pi\varepsilon_0}\cdot\frac{1}{\mathrm{d}_2\sqrt{\left(\frac{L}{2}\right)^2+d_2^2}}=\cdots=1.05\times10^3(\mathrm{V/m})$$

3. 解：由题意知：电荷的分布有轴对称性，故场强分布也有轴对称性。

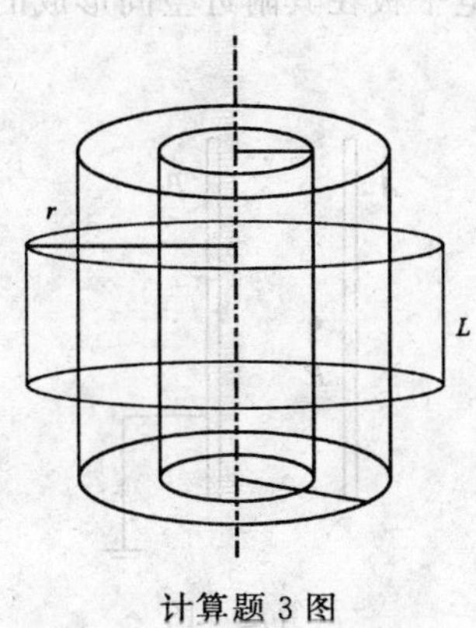

计算题 3 图

由高斯定理：

在 $0<r<R_1$ 区域：作高斯面 S_1 为同轴封闭圆柱面，高为 L；通过 S_1 的电通量为：

$$\Phi_1=\oint_{S_1}\boldsymbol{E}\cdot\mathrm{d}\boldsymbol{S}=\int_{\text{上底面}}\boldsymbol{E}_1\cdot\mathrm{d}\boldsymbol{S}+\int_{\text{下底面}}\boldsymbol{E}_1\cdot\mathrm{d}\boldsymbol{S}+\int_{\text{侧面}}\boldsymbol{E}_1\cdot\mathrm{d}\boldsymbol{S};$$

注意到：场强与上下底面的法线正交，故有

$$\Phi_1=\oint_{S_1}\boldsymbol{E}\cdot\mathrm{d}\boldsymbol{S}=\oint_{\text{侧面}}\boldsymbol{E}_1\cdot\mathrm{d}\boldsymbol{S}=E_1\cdot2\pi rL$$

由于 S_1 内无电荷，$\Phi_1=E_1\cdot2\pi rL=0$，故 $E_1=0$。

在 $R_2<r$ 区域：作类似的高斯面 S_2，通过 S_2 的电通量为：

$$\Phi_2=\oint_{S_2}\boldsymbol{E}\cdot\mathrm{d}\boldsymbol{S}=\oint_{S_2\text{侧面}}\boldsymbol{E}_2\cdot\mathrm{d}\boldsymbol{S}=E_2\cdot2\pi rL,$$

S_2 内包含电荷，$q_2=L\lambda-L\lambda=0$，故 $E_2=0$。

在 $R_1<r<R_2$ 区域：作类似的高斯面 S_3，通过 S_3 的电通量为：

$$\Phi_3=\oint_{S_3}\boldsymbol{E}\cdot\mathrm{d}\boldsymbol{S}=\oint_{S_3\text{侧面}}\boldsymbol{E}_3\cdot\mathrm{d}\boldsymbol{S}=E_3\cdot2\pi rL,$$

S_3 内包含电荷，$q_3=L\lambda$，故 $E_3=\frac{\lambda}{4\pi\varepsilon_0 r}$。

4. 解：球心处总电势应为两个球面电荷在球心处产生的电势叠加，即

$$U=\frac{1}{4\pi\varepsilon_0}\left(\frac{q_1}{r_1}+\frac{q_2}{r_2}\right)=\frac{1}{4\pi\varepsilon_0}\left(\frac{4\pi r_1\sigma}{r_1}+\frac{4\pi r_2\sigma}{r_2}\right)=\frac{\sigma}{\varepsilon_0}(r_1+r_2)$$

故得：$\sigma=\dfrac{\varepsilon_0 U}{r_1+r_2}=8.85\times10^{-9}\,\mathrm{C/m^2}$

5. 解：无限大均匀带电平板在其附近空间形成的均匀电场：$E=\dfrac{\sigma}{2\varepsilon_0}$；

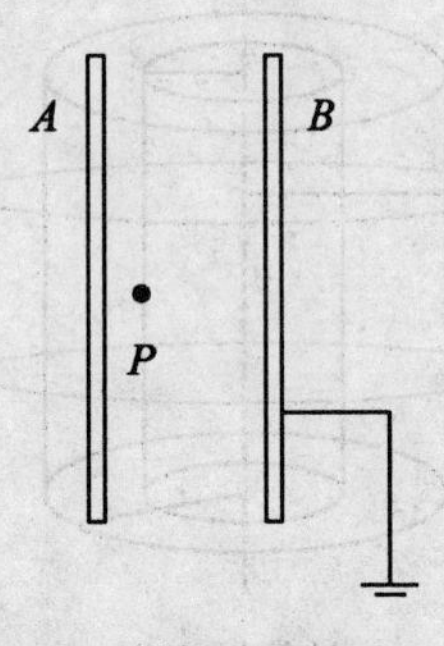

计算题 5 图

题中 A，B 两板在空间的场强分布为 E_A，E_B，由场强叠加原理知：

在 A，B 两板外侧场强为零，在 A，B 两板间场强为：$E=\dfrac{\sigma}{\varepsilon_0}$。

又由场强与电势的微分关系可知：$E=\dfrac{-\mathrm{d}U}{\mathrm{d}l}$，所以有：

(1)P 点的电势为：

$$U_P=U_{PB}=-U_{BP}=E\cdot(x_B-x_P)=\frac{\sigma}{\varepsilon_0}(5\times10^{-2}-1\times10^{-2})$$

$$=\cdots=1.49\times10^5\,(\mathrm{V});$$

(2)A 板的电势为：

$$U_A=U_{AB}=-U_{BA}=E\cdot(x_B-x_A)=\frac{\sigma}{\varepsilon_0}5\times10^{-2}=\cdots=1.86\times10^5\,(\mathrm{V})。$$

6. 解：(1) 已知内球壳上带正电荷 Q，则两球壳中间的场强大小为

$$E=\frac{Q}{4\pi\varepsilon_0 r^2}$$

两球壳间电势差

$$U_{12}=\int_{R_1}^{R_2}\boldsymbol{E}\cdot\mathrm{d}\boldsymbol{r}=\frac{Q}{4\pi\varepsilon_0}\left(\frac{1}{R_1}-\frac{1}{R_2}\right)=\frac{Q(R_2-R_1)}{4\pi\varepsilon_0 R_1R_2}$$

电容 $C=\dfrac{Q}{U_{12}}=\dfrac{4\pi\varepsilon_0 R_1R_2}{R_2-R_1}$

(2) 电场能量

$$W=\frac{Q^2}{2C}=\frac{Q^2(R_2-R_1)}{8\pi\varepsilon_0 R_1 R_2}$$

7. 解：有介质时的电容 $C_1=\dfrac{\varepsilon_0\varepsilon_r S}{\mathrm{d}}$

其上的电量为 $Q=C_1U_1=\dfrac{1000\varepsilon_0\varepsilon_r S}{d}$

介质抽去后的电容 $C_2=\dfrac{\varepsilon_0 S}{d}$

因电源断开，其上电量不变

$$Q=C_2U_2=\frac{3000\varepsilon_0 S}{d}$$

两式相等，即

$$\frac{1000\varepsilon_0\varepsilon_r S}{d}=\frac{3000\varepsilon_0 S}{d}$$

得到 $\varepsilon_r=3$

8. 解：(1) 应用真空中的高斯定理和介质中的高斯定理，并注意到 $\boldsymbol{D}=\varepsilon\boldsymbol{E}$，

容易求出系统的电场和电位移分布如下：

$$\boldsymbol{E}=\begin{cases}0, & (r<R)\\ \dfrac{1}{4\pi\varepsilon_0}\dfrac{Q}{r^3}\boldsymbol{r}, & (R<r<a)\\ \dfrac{1}{4\pi\varepsilon_0\varepsilon_r}\dfrac{Q}{r^3}\boldsymbol{r}, & (a<r<b)\\ \dfrac{1}{4\pi\varepsilon_0}\dfrac{Q}{r^3}\boldsymbol{r}, & (b<r)\end{cases}\qquad \boldsymbol{D}=\begin{cases}0, & (r<R)\\ \dfrac{1}{4\pi}\dfrac{Q}{r^3}\boldsymbol{r}, & (R<r<a)\\ \dfrac{1}{4\pi}\dfrac{Q}{r^3}\boldsymbol{r}, & (a<r<b)\\ \dfrac{1}{4\pi}\dfrac{Q}{r^3}\boldsymbol{r}, & (b<r)\end{cases}$$

(2) 在 $a<r<b$ 区域内：$\boldsymbol{D}=\dfrac{Q}{4\pi r^3}\boldsymbol{r}$，$\boldsymbol{E}=\dfrac{Q}{4\pi\varepsilon_0\varepsilon_r r^3}\boldsymbol{r}$，

$\boldsymbol{P}=\boldsymbol{D}-\varepsilon_0\boldsymbol{E}=\dfrac{Q}{4\pi r^3}\boldsymbol{r}\left(\dfrac{\varepsilon_r-1}{\varepsilon_r}\right)$；

介质内表面极化面电荷密度 $\sigma'_a=|\boldsymbol{P}_a|=\dfrac{\varepsilon_r-1}{\varepsilon_r 4\pi a^2}Q$；

介质外表面极化面电荷密度 $\sigma'_b=|\boldsymbol{P}_b|=\dfrac{\varepsilon_r-1}{\varepsilon_r 4\pi b^2}Q$。

(3) 电场中任意一点的电势 $U_r=\int_r^\infty \boldsymbol{E}\cdot \mathrm{d}\boldsymbol{r}$，可知：

在 $r\leqslant R$ 区域，

$$U_r=0+\int_R^a \frac{1}{4\pi\varepsilon_0}\cdot\frac{Q}{r^2}\mathrm{d}r+\int_a^b \frac{1}{4\pi\varepsilon_0\varepsilon_r}\cdot\frac{Q}{r^2}\mathrm{d}r+\int_b^\infty \frac{1}{4\pi\varepsilon_0}\cdot\frac{Q}{r^2}\mathrm{d}r$$

$$=\cdots=\frac{Q}{4\pi\varepsilon_0}\left(\frac{1}{R}+\frac{\varepsilon_r-1}{\varepsilon_r b}-\frac{\varepsilon_r-1}{\varepsilon_r a}\right);$$

在 $R\leqslant r\leqslant a$ 区域，

$$U_r=\int_r^a\frac{1}{4\pi\varepsilon_0}\cdot\frac{Q}{r^2}\mathrm{d}r+\int_a^b\frac{1}{4\pi\varepsilon_0\varepsilon_r}\cdot\frac{Q}{r^2}\mathrm{d}r+\int_b^\infty\frac{1}{4\pi\varepsilon_0}\cdot\frac{Q}{r^2}\mathrm{d}r$$

$$=\cdots=\frac{Q}{4\pi\varepsilon_0}\left(\frac{1}{r}+\frac{\varepsilon_r-1}{\varepsilon_r b}-\frac{\varepsilon_r-1}{\varepsilon_r a}\right);$$

在 $a\leqslant r\leqslant b$ 区域，

$$U_r=\int_r^b\frac{1}{4\pi\varepsilon_0\varepsilon_r}\cdot\frac{Q}{r^2}\mathrm{d}r+\int_b^\infty\frac{1}{4\pi\varepsilon_0}\cdot\frac{Q}{r^2}\mathrm{d}r=\cdots=\frac{Q}{4\pi\varepsilon_0\varepsilon_r}\left(\frac{1}{r}+\frac{\varepsilon_r-1}{b}\right);$$

在 $b\leqslant r$ 区域，

$$U_r=\int_r^\infty\frac{1}{4\pi\varepsilon_0}\cdot\frac{Q}{r^2}\mathrm{d}r=\frac{Q}{4\pi\varepsilon_0}\,\frac{1}{r}。$$

第6章 稳恒磁场

一、基本要求

(1)理解磁感应强度的概念，明确它是矢量点函数。

(2)掌握运用毕奥-萨伐尔定律计算磁感应强度的方法。

(3)理解磁场的高斯定理。

(4)掌握安培环路定理及用此定理求解具有对称性磁场的方法。

(5)能熟练使用安培定律计算载流导线或载流回路所受的磁力和磁力矩。

(6)掌握洛仑兹力公式，并能用此求解电荷在均匀磁场中的运动问题。理解磁力做功、霍耳效应的概念。

(7)了解顺磁质、抗磁质和铁磁质的特点及磁化机理。

(8)掌握有磁介质时的安培环路定理，并能利用其求解有磁介质时具有一定对称性的磁场分布。

二、内容提要

1. 基本概念

(1) 磁感应强度矢量 $\boldsymbol{B}$：

$$B=\frac{M_{\max}}{P_m}$$

$\boldsymbol{B}$ 的方向与该点处试验线圈在稳定平衡位置时磁矩的正法线方向相同。

(2) 载流线圈的磁矩：

$$\boldsymbol{P}_m=IS\boldsymbol{n}$$

$\boldsymbol{n}$ 为载流线圈正法线方向的单位矢量。

(3) 均匀磁场对载流线圈的磁力矩：

$$\boldsymbol{M}=\boldsymbol{P}_m\times\boldsymbol{B}$$

(4) 磁通量：

$$\Phi_m=\int_s \mathrm{d}\Phi_m=\int_s \boldsymbol{B}\cdot\mathrm{d}\boldsymbol{S}$$

2. 基本实验定律

(1) 毕奥－萨伐尔定律：

$$d\boldsymbol{B}=\frac{\mu_0}{4\pi}\frac{I d\boldsymbol{l}\times\boldsymbol{r}}{r^3}$$

(2) 安培定律：

$$d\boldsymbol{F}=I\,d\boldsymbol{l}\times\boldsymbol{B}$$

3. 稳恒磁场的基本性质

(1) 磁场的高斯定理：

$$\oint_s \boldsymbol{B}\cdot d\boldsymbol{S}=0$$

(2) 磁场中的安培环路定理：

$$\oint_L \boldsymbol{B}\cdot d\,\boldsymbol{l}=\mu_0\sum I$$

4. 磁力做功

载流导线和载流线圈在磁力或磁力矩的作用下，发生位移或改变方位时，磁力将做功。如果电流恒定，磁力做功为

$$A=I\Delta\Phi$$

式中 $\Delta\Phi$ 为导体运动时扫过的磁通量或通过线圈磁通量的增量。

如果电流随时间变化，则磁力做的功为

$$A=\int_{\Phi_1}^{\Phi_2} I d\Phi$$

5. 磁场中的带电粒子和载流导体

(1) 带电粒子在磁场中运动，受洛仑兹力：

$$\boldsymbol{f}=q\boldsymbol{v}\times\boldsymbol{B}$$

(2) 载流导体(或半导体)在磁场 $\boldsymbol{B}$ 中，若 $\boldsymbol{B}$ 与 I 方向垂直，则在 $\boldsymbol{B}$，I 二者皆垂直的导体(半导体)两表面有霍耳电势差

$$U_H=R_H\frac{IB}{d}$$

其中 R_H 称为霍尔系数。

6. 磁介质的分类

磁介质处于外磁场 $\boldsymbol{B}_0$ 中，介质磁化，产生磁化电流。磁化电流激发附加磁场 $\boldsymbol{B}'$，故磁介质中的磁场为

$$\boldsymbol{B}=\boldsymbol{B}_0+\boldsymbol{B}'$$

通常把磁介质分为三类：

(1) 顺磁质：其中 $\boldsymbol{B}'$ 与 $\boldsymbol{B}_0$ 同方向，$\mu_r>1$，$B>B_0$

(2) 抗磁质：其中 $\boldsymbol{B}'$ 与 $\boldsymbol{B}_0$ 反方向，$\mu_r<1$，$B<B_0$

(3) 铁磁质：其中 $\boldsymbol{B}'$ 与 $\boldsymbol{B}_0$ 同方向，$\mu_r \gg 1$，$B \gg B_0$

7. 描述磁介质磁化程度的物理量

(1) 磁化强度 $\boldsymbol{M}$：

对顺磁质，$\boldsymbol{M}=\dfrac{\sum \boldsymbol{P}_m}{\Delta V}$，$\boldsymbol{M}$ 与 $\boldsymbol{B}_0$ 同方向

对抗磁质，$\boldsymbol{M}=\dfrac{\sum \boldsymbol{P}_m}{\Delta V}$，$\boldsymbol{M}$ 与 $\boldsymbol{B}_0$ 反方向

(2) 磁化电流：在磁介质中，通过任一曲面的磁化电流强度 I_S 等于磁化强度 $\boldsymbol{M}$ 沿该曲面的边界 L 的线积分，即

$$I_S=\oint_L \boldsymbol{M}\cdot \mathrm{d}\boldsymbol{l}$$

由上式可知，在均匀介质内部，$I_S=0$，因此 $\boldsymbol{M}=$ 常矢量。而在磁介质表面，存在磁化电流，磁化电流面密度 $\boldsymbol{J}_S$ 与 $\boldsymbol{M}$ 之关系为

$$\boldsymbol{J}_S=\boldsymbol{M}\times \boldsymbol{n}_0$$

$\boldsymbol{n}_0$ 为介质表面法线方向的单位矢量。

8. 有磁介质时的安培环路定理

$$\oint_L \boldsymbol{H}\cdot \mathrm{d}\boldsymbol{l}=\sum I$$

式中 $\boldsymbol{H}=\dfrac{\boldsymbol{B}}{\mu_0}-\boldsymbol{M}$，这是磁场强度 $\boldsymbol{H}$ 的普遍定义式。

对于各向同性的非铁磁性磁介质，有：$\boldsymbol{M}=\chi_m \boldsymbol{H}$

χ_m 称为磁介质的磁化率，故：$\boldsymbol{B}=\mu_0(\boldsymbol{H}+\boldsymbol{M})=\mu_0(1+\chi_m)\boldsymbol{H}=\mu \boldsymbol{H}$

三、解题指导与例题

例 1　无限长直圆柱形导体内有一无限长直圆柱形空腔(如例 1 图所示)，空腔与导体的两轴线平行，间距为 a，若导体内的电流密度均匀为 $\boldsymbol{j}$，$\boldsymbol{j}$ 的方向平行于轴线。求腔内任意点的磁感应强度 $\boldsymbol{B}$。

解：采用补偿法，以导体的轴线为圆心，过空腔中任一点作闭合回路

$$\oint \boldsymbol{B}_1\cdot \mathrm{d}\boldsymbol{L}=\mu_0 j\pi r^2$$

$$B_1=\frac{\mu_0 jr}{2}$$

同理，还是过这一点以空腔导体的轴线为圆心作闭合回路

$$\oint \boldsymbol{B}_2\cdot \mathrm{d}\boldsymbol{L}=\mu_0 j\pi\,(a-r)^2$$

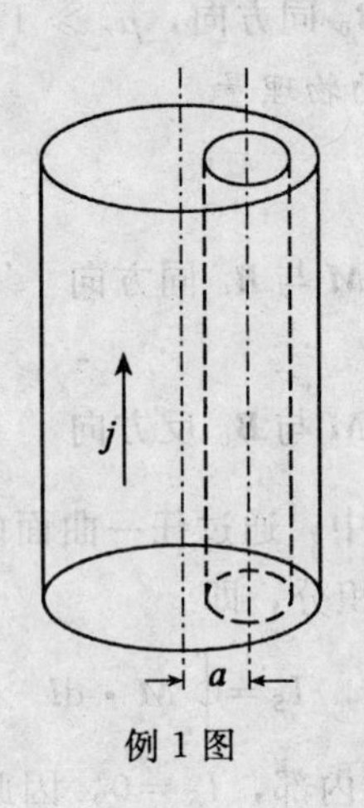

例 1 图

$$B_2=\frac{\mu_0 j(a-r)}{2}$$

$$\boldsymbol{B}=\boldsymbol{B}_1+\boldsymbol{B}_2=\frac{1}{2}\mu_0\boldsymbol{j}\times\boldsymbol{a}$$

例 2 无限长直线电流 I_1 与直线电流 I_2 共面，几何位置如例 2 图所示。试求直线电流 I_2 受到电流 I_1 磁场的作用力。

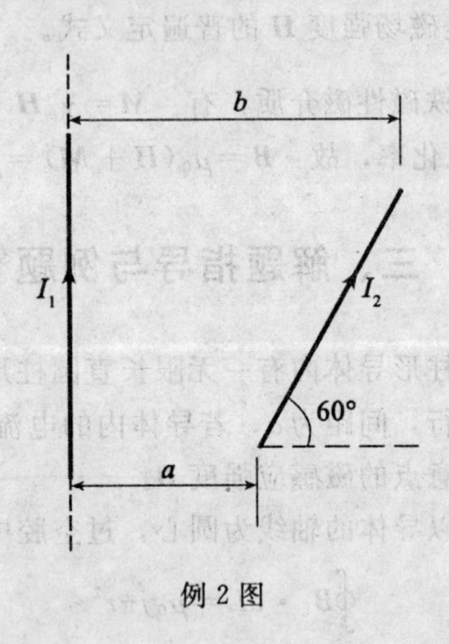

例 2 图

解：在直线电流 I_2 上任意取一个小电流元 $I_2\,\mathrm{d}l$，此电流元到长直线的距离为 x，无限长直线电流 I_1 在小电流元处产生的磁感应强度

$$B=\frac{\mu_0 I_1}{2\pi x}$$

$$dF=\frac{\mu_0 I_1 I_2}{2\pi x}dl=\frac{\mu_0 I_1 I_2}{2\pi x}\cdot\frac{dx}{\cos 60^\circ}$$

$$F=\int_a^b\frac{\mu_0 I_1 I_2}{2\pi x}\cdot\frac{dx}{\cos 60^\circ}=\frac{\mu_0 I_1 I_2}{\pi}\ln\frac{b}{a}$$

例 3　截面积为 S、密度为 ρ 的铜导线被弯成正方形的三边，可以绕水平轴 OO' 转动，如例 3 图所示。导线放在方向竖直向上的匀强磁场中，当导线中的电流为 I 时，导线离开原来的竖直位置偏转一个角度 θ 而平衡。求磁感应强度。

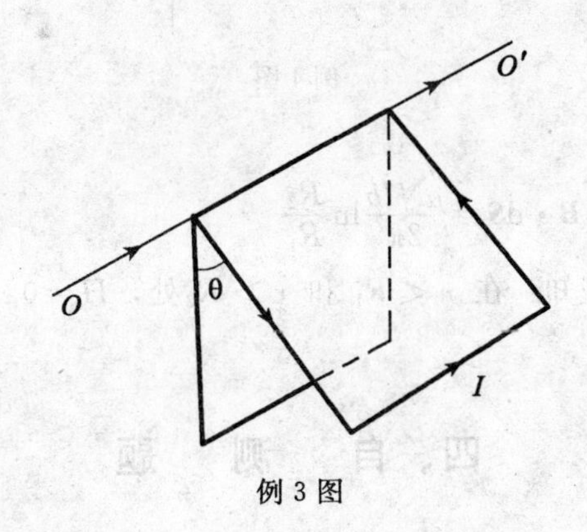

例 3 图

解：设正方形的边长为 a，质量为 m，$m=\rho a S$。

平衡时重力矩等于磁力矩：$\boldsymbol{M}=\boldsymbol{p}_m\times\boldsymbol{B}$

磁力矩的大小：$M=BIa^2\sin(90^\circ-\theta)=BIa^2\cos\theta$

重力矩为：$M=mga\sin\theta+2mg\cdot\frac{a}{2}\sin\theta=2mga\sin\theta$

平衡时：$2mga\sin\theta=BIa^2\cos\theta$

$$B=\frac{2mg}{Ia}\tan\theta=\frac{2\rho Sg}{I}\tan\theta$$

例 4　例 4 图所示为一均匀密绕的环形螺线管，匝数为 N，通电电流为 I，其横截面为矩形，芯子材料的磁导率为 μ，圆环内外半径分别为 R_1 和 R_2。求：(1) 芯子中的 B 值和芯子截面磁通量；(2) 在 $r<R_1$ 和 $r>R_2$ 处的 B 值。

解：(1) 由安培环流定理：$\oint_L \boldsymbol{H}\cdot d\boldsymbol{l}=H\cdot 2\pi r=NI$

所以，$H=\frac{NI}{2\pi r}$

$$B=\mu H=\frac{\mu NI}{2\pi R}$$

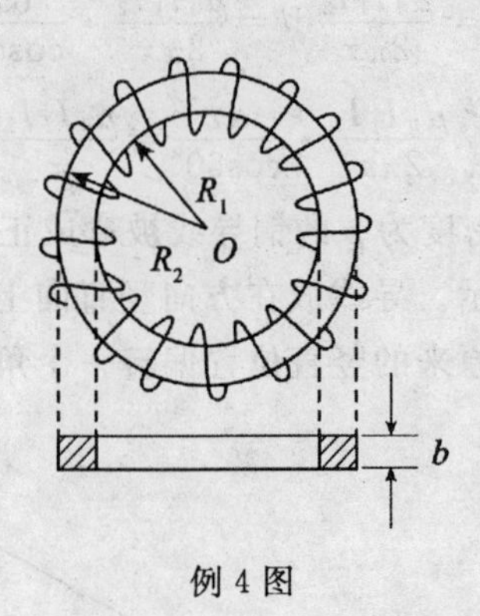

例 4 图

磁通量：$\Phi_m=\int \boldsymbol{B}\cdot \mathrm{d}\boldsymbol{S}=\frac{\mu NIb}{2\pi}\ln\frac{R_2}{R_1}$

由安培环路定理知：在 $r<R_1$ 和 $r>R_2$处，$H=0$

所以，$B=0$

四、自　测　题

(一) 选择题

1. 一载有电流 I 的细导线分别均匀密绕在半径为R 和 r 的长直圆筒上形成两个螺线管($R=2r$)，两螺线管单位长度上的匝数相等，则两螺线管中的磁感应强度大小 B_R 和 B_r 应满足：

(A)$B_R=2B_r$；　　(B)$2B_R=B_r$；

(C)$B_R=B_r$；　　(D)$B_R=4B_r$。　　[　　]

2. 关于稳恒磁场的磁场强度 $\boldsymbol{H}$ 的下列几种说法中正确的是：

(A)$\boldsymbol{H}$ 仅与传导电流有关；

(B) 若闭合曲线上各点 $\boldsymbol{H}$ 均为零，则该曲线所包围传导电流的代数和为零；

(C) 若闭合曲线内没有包围传导电流，则曲线上各点的 $\boldsymbol{H}$ 必为零；

(D) 以闭合曲线 L 为边缘的任意曲面的 $\boldsymbol{H}$ 通量均相等。

[　　]

3. 如选择题 3 图所示，在磁感应强度为 $\boldsymbol{B}$ 的均匀磁场中作一半径为 r 的半球面 S，S 边线所在平面的法线方向单位矢量 $\boldsymbol{n}$ 与 $\boldsymbol{B}$ 的夹角为 α，则通过半球面 S 的磁通量为：

(A) $-\pi r^2 B\cos\alpha$；　　　　(B) $2\pi r^2 B$；

(C) $-\pi r^2 B\sin\alpha$；　　　　(D) $\pi r^2 B$。　　　　[　　]

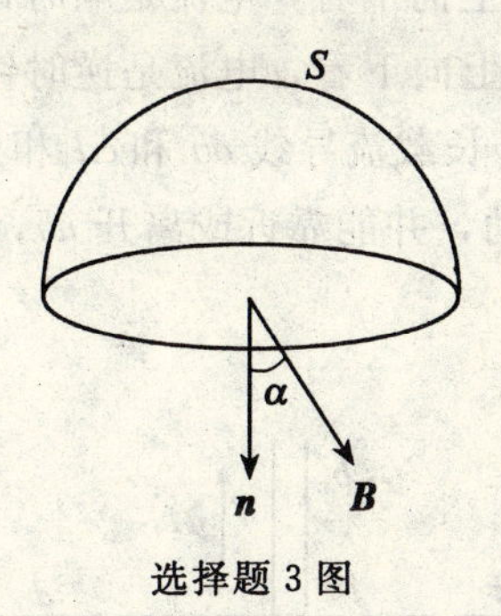

选择题 3 图

4. 有一由 N 匝细导线绕成的平面正三角形线圈，边长为 a，通有电流 I，置于均匀外磁场 $\boldsymbol{B}$ 中，当线圈平面的法向与外磁场同向时，该线圈所受的磁力矩 M_m 值为

(A) $\dfrac{\sqrt{3}Na^2IB}{2}$；　　　　(B) $\dfrac{\sqrt{3}Na^2IB}{4}$；

(C) $\sqrt{3}Na^2IB\sin60°$；　　　　(D) 0。　　　　[　　]

5. 在一个磁性很强的长条形磁铁附近放一条可以自由弯曲的软导线，如选择题 5 图所示，当电流从上向下流经导线时，软导线将：

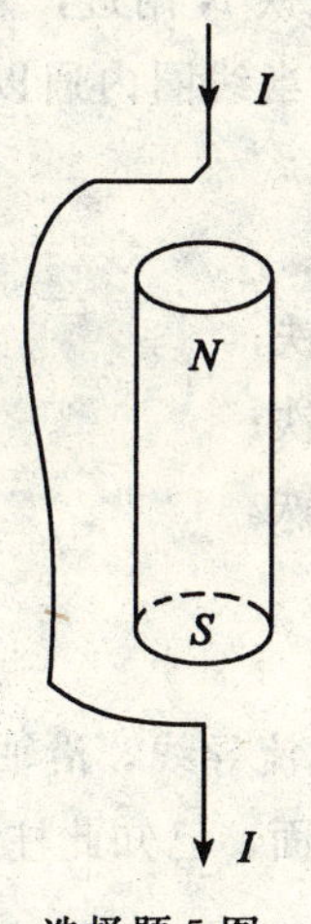

选择题 5 图

(A) 不动；　　　　　　　　(B) 被磁铁推至尽可能远；

(C) 被磁铁吸引靠近它，但导线平行磁棒；

(D) 缠绕在磁铁上，从上向下看，电流是顺时针方向流动的；

(E) 缠绕在磁铁上，从上向下看，电流是逆时针方向流动的。[　　]

6. 如选择题6图所示，长载流导线 ab 和 cd 相互垂直，它们相距 l，ab 固定不动，cd 能绕中点 O 转动，并能靠近或离开 ab，当电流方向如图所示时，导线 cd 将：

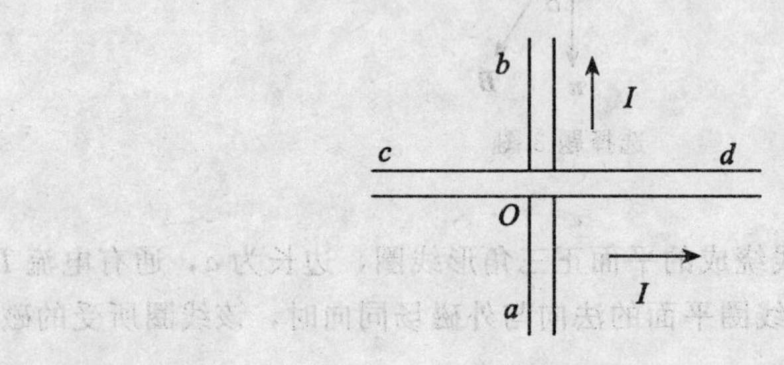

选择题6图

(A) 顺时针转动同时离开 ab；

(B) 顺时针转动同时靠近 ab；

(C) 逆时针转动同时离开 ab；

(D) 逆时针转动同时靠近 ab。　　[　　]

7. 把轻的导线圈用线挂在磁铁 N 附近，磁铁的轴线穿过线圈中心，且与线圈在同一平面内，如图所示，当线圈内通以如选择题7图所示方向的电流时，线圈将：

(A) 不动；

(B) 发生转动，同时靠近磁铁；

(C) 发生转动，同时离开磁铁；

(D) 不发生转动，只离开磁铁。　　[　　]

(二) 填空题

1. 一半径为 a 的无限长直载流导线，沿轴向均匀地流有电流 I，若作一个半径为 $R=5a$、高为 l 的柱形曲面，已知此柱形曲面的轴与载流导线的轴平行且相距 $3a$(如填空题1图所示)，则 $\boldsymbol{B}$ 在圆柱侧 S 上的积分 $\iint_S \boldsymbol{B}\cdot \mathrm{d}\boldsymbol{S}=$________。

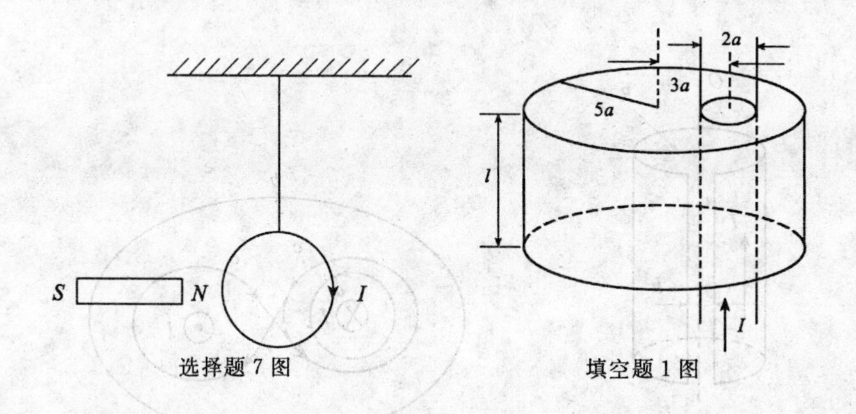

选择题 7 图　　　　填空题 1 图

2. 在安培环路定理$\oint_L \boldsymbol{B} \cdot \mathrm{d}\boldsymbol{l} = \mu_0 \sum I_i$中，$\sum I_i$是指____________；$\boldsymbol{B}$是指____________；它是由____________决定的。

3. 半径为 R 的圆柱体载有电流 I，电流在其横截面上均匀分布，一回路 L 通过圆柱体横截面分为两部分，其面积大小分别为 S_1，S_2，如填空题 3 图所示，则$\oint_L \boldsymbol{H} \cdot \mathrm{d}\boldsymbol{l} =$________。

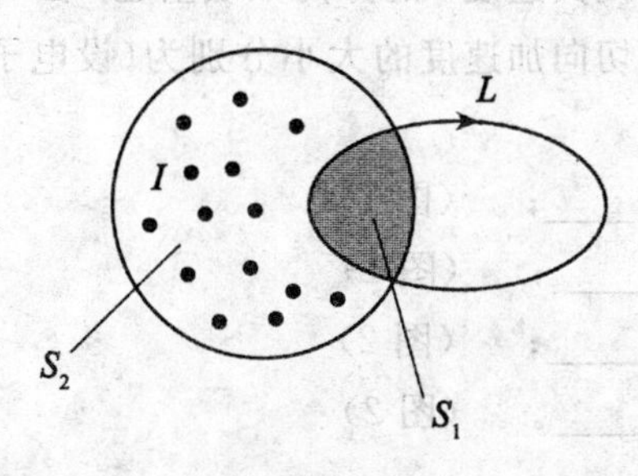

填空题 3 图

4. 将半径为 R 的无限长导体薄壁管(厚度忽略) 沿轴向割去一宽度为 h ($h \ll R$) 的无限长狭缝后，再沿轴向均匀地流有电流，其面电流密度为 I(如填空题 4 图所示)，则管轴线上磁感应强度的大小是____________。

5. 如填空题 5 图所示，两根长直导线通有电流 I，图示有三种环路，在每种情况下，$\oint \boldsymbol{B} \cdot \mathrm{d}\boldsymbol{l}$ 等于：

____________(对环路 a)；

____________(对环路 b)；

____________(对环路 c)。

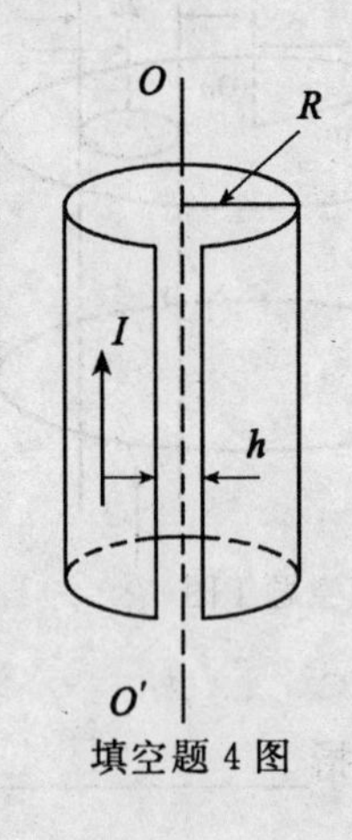

填空题 4 图

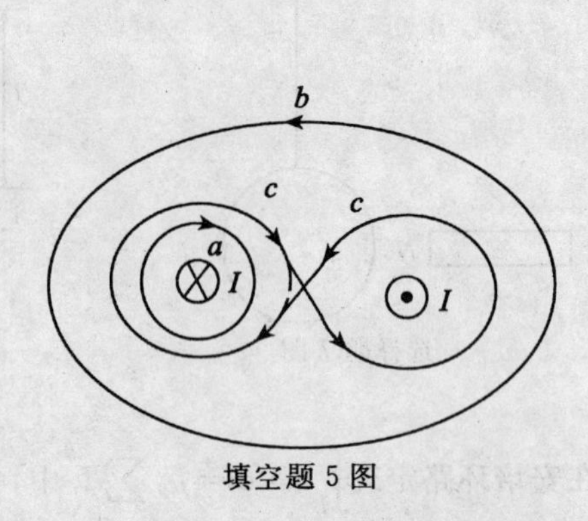

填空题 5 图

6. 两条相距为d的无限长平行载流直导线，通以同向电流，已知P点离第一条导线和第二条导线的距离分别为r_1和r_2，两根载流导线在P点产生的磁感应强度$\boldsymbol{B}_1$和$\boldsymbol{B}_2$的夹角$\alpha=$________。

7. 在电场强度$\boldsymbol{E}$和磁感应强度$\boldsymbol{B}$方向一致的匀强电场和匀强磁场中，有一运动着的电子，某一时刻其速度$\boldsymbol{v}$的方向如填空题 7 图(1) 和图(2) 所示，则该时刻运动电子的法向和切向加速度的大小分别为(设电子的质量为m，电量为e)：

$a_n=$________________；　(图 1)

$a_t=$________________；　(图 1)

$a_n=$________________；　(图 2)

$a_t=$________________。　(图 2)

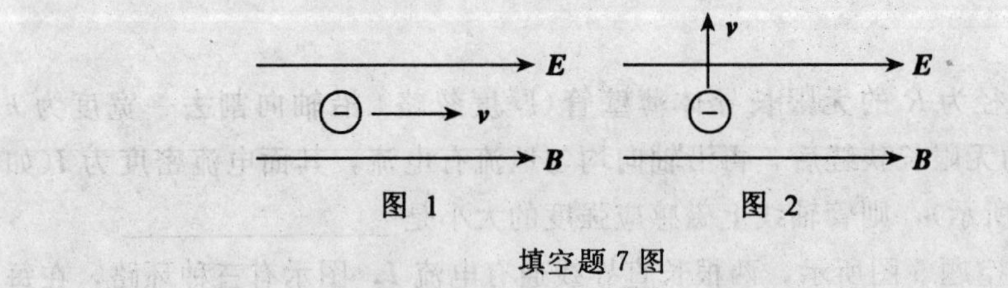

填空题 7 图

8. 载流平面线圈在均匀磁场中所受的力矩大小与线圈所围面积在面积一定时，与线圈的形状________；与线圈相对于磁场的方向________。(填“有关”或“无关”)

9. 导线绕成一边长为 15cm 的正方形框，共 100 匝，当它通有$I=5\text{A}$的电流时，线框的磁矩 $P_m=$ ________。

10. 在磁感应强度 $B=0.02\mathrm{T}$ 的匀强磁场中，有一半径为10cm圆线圈，线圈磁矩与磁力线同向平行，回路中通有 $I=1\mathrm{A}$ 的电流，若圆线圈绕某个直径旋转180°，使其磁矩与磁力线反向平行，设线圈转动过程中电流 I 保持不变，则外力的功 $A=$ ________。

(三) 计算题

1. 螺线管线圈的直径是它的轴长的4倍，每厘米长度内的匝数 $n=200$，所通电流 $I=0.10\mathrm{A}$。求：(1) 螺线管中点 P 处磁感应强度的大小；(2) 在管的一端中心 O 处磁感应强度的大小。

2. 一根很长的同轴电缆，由一导体圆柱（半径为 r_1）和一同轴的导体圆管（内外半径分别为 r_2，r_3）构成，使用时，电流从一导体流去，从另一导体流回。设电流均匀分布在导体的横截面上，求：(1) 导体圆柱内($r<r_1$)；(2) 两导体之间($r_1<r<r_2$)；(3) 导体圆管内($r_2<r<r_3$)；(4) 电缆外($r>r_3$)各点的磁感应强度的大小。

3. 两平行直导线相距 $d=40\mathrm{cm}$，每根导线载有电流 $I_1=I_2=20\mathrm{A}$，如计算题3图所示，求：(1) 两导线所在平面内与该两导线等距离的一点处的磁感应强度；(2) 通过图中斜线所示面积的磁通量。

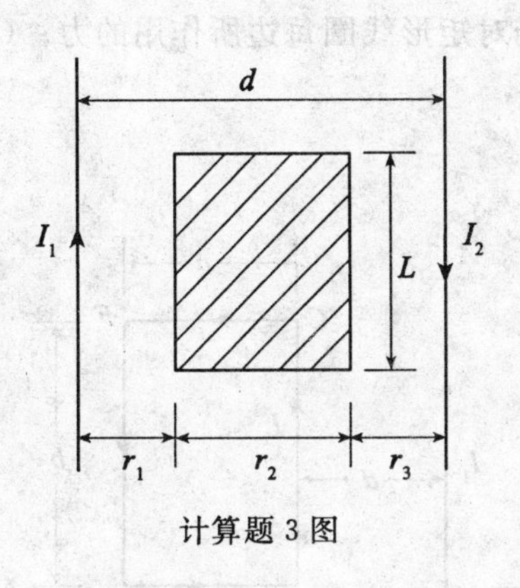

计算题3图

4. 一半径为 R 的非导体球面均匀带电，其面电荷密度为 σ。若球绕通过球心的轴以角速度 ω 匀速旋转，求球心处的 $\boldsymbol{B}$ 值。

5. 磁感应强度为 B 的均匀磁场只存在于 $x>0$ 的空间中，且 B 垂直纸面向内。如计算题5图所示，在 $x=0$ 的界面上有理想边界，一电子质量为 m、电荷为 $-e$，它在纸面内以与 $x=0$ 的界面成60°角的速度 v 进入磁场。求电子在磁场中的出射点与入射点间的距离。

6. 横截面积 $S=2.0\text{mm}^2$ 的铜线，弯成 U 形，其中 OA 和 DO' 两段保持水平方向不动，$ABCD$ 段是边长为 a 的正方形的三边，U 形部分可绕 OO' 轴转动。如计算题 6 图所示。整个导线放在均匀磁场 B 中，B 的方向竖直向上。已知铜的密度 $\rho=8.9\times10^3\text{kg}\cdot\text{m}^{-3}$，当这铜线中的电流 $I=10\text{A}$ 时，在平衡情况下，AB 段和 CD 段与竖直方向的夹角为 $\alpha=15°$。求磁感应强度 B。

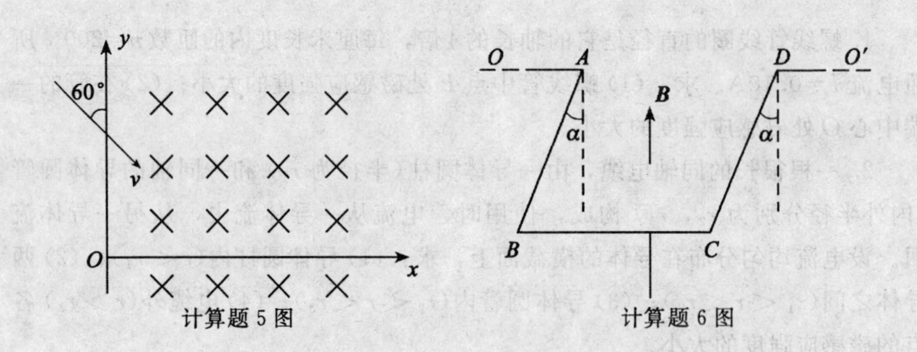

计算题 5 图　　　　计算题 6 图

7. 如计算题 7 图所示，在长直导线 AB 内通有电流 $I_1=20\text{A}$，在矩形线圈 $CDEF$ 中通有电流 $I_2=10\text{A}$，AB 与线圈共面，且 CD，EF 都与 AB 平行，已知 $a=9.0\text{cm}$，$b=20.0\text{cm}$，$d=1.0\text{cm}$，求：

(1) 导线 AB 的磁场对矩形线圈每边所作用的力；(2) 矩形线圈所受的合力和合力矩。

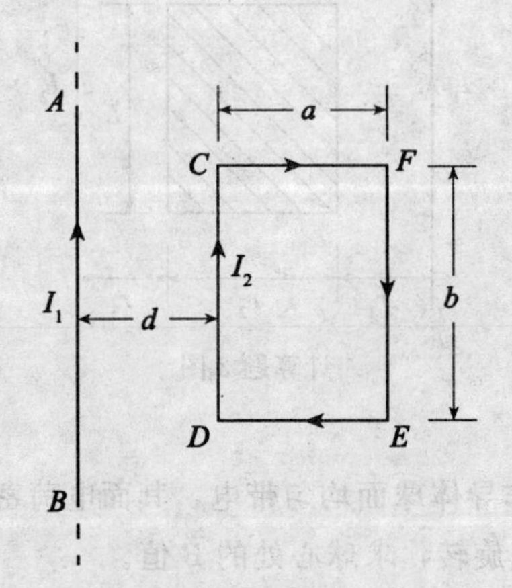

计算题 7 图

五、自测题参考答案

(一) 选择题

1.(C); 2.(B); 3.(A); 4.(D); 5.(E); 6.(D); 7.(B)

(二) 填空题

1. 0

2. 环路所包围的所有稳恒电流的代数和;
环路上的磁感应强度;
环路内外全部电流所产生磁场的叠加

3. 0

4. $-\dfrac{S_1 I}{S_1+S_2}$

5. $\mu_0 I$; 0; $2\mu_0 I$

6. $\arccos\left(\dfrac{r_1^2+r_2^2-\mathrm{d}^2}{2r_1r_2}\right)$

7. 0; eE/m; $\dfrac{\sqrt{(eE)^2+(evB)^2}}{m}=\dfrac{e\sqrt{E^2+v^2B^2}}{m}$; 0

8. 无关; 有关

9. $11.25\mathrm{A\cdot m^2}$

10. $1.26\times10^{-3}\mathrm{J}$

(三) 计算题

1. 解:依题意,如图,

$D=4L$,$R=2L$,$I=0.10\mathrm{A}$,$n=\dfrac{200}{1\times10^{-2}}=2\times10^4$(匝/m)

(1)$B_P=\dfrac{\mu_0 nI}{2}(\cos\beta_2-\cos\beta_1)$

而 $\tan\beta_2=\dfrac{R}{\frac{1}{2}L}=\dfrac{\sin\beta_2}{\cos\beta_1}=\cdots=4$;

$\cos\beta_2=-\cos\beta_1=\dfrac{\sqrt{17}}{17}$;

$B_P=\dfrac{\mu_0 nI}{2}\cdot\dfrac{2\sqrt{17}}{17}=\cdots=6.09\times10^{-4}(\mathrm{T})$;

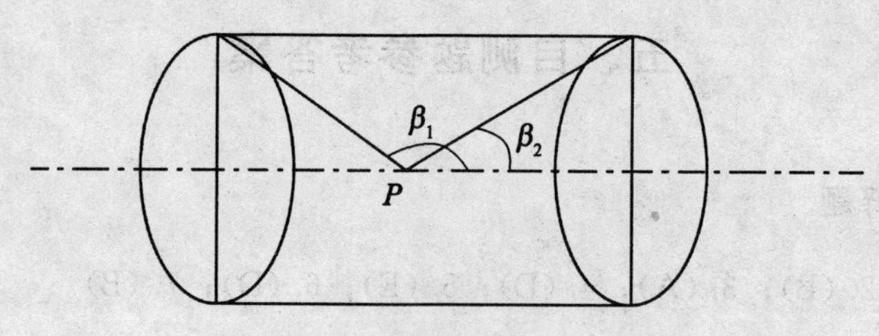

计算题1图

(2)$B'_P=\frac{\mu_0 nI}{2}(\cos\beta'_2-\cos\beta'_1)$；　　而 $\beta_1=90°$；$\tan\beta'_2=\frac{R}{L}=\frac{\sin\beta'_2}{\cos\beta'_1}$ $=\cdots=2$；

$\cos\beta'_2=\frac{\sqrt{5}}{5}$；　　$B_P=\frac{\mu_0 nI}{2}\cdot\frac{\sqrt{5}}{5}=\cdots=5.62\times10^{-4}(\text{T})$。

2. 解：设电流 I 由外层导体圆管流去，从中间导体圆柱流回。

由对称性分析可知，与 O 等距离的点 B 值相等。以 O 为圆心，r 为半径取一安培环路，由安培环路定理有：

$\oint_l \boldsymbol{B}\cdot d\boldsymbol{l}=\mu_0\sum I_i$，解得：$B=\frac{\mu_0 I}{2\pi r}\cdot\sum I_i$。

(1)$r<r_1$ 时：$\sum I_i=\sigma\pi r^2=\frac{I}{\pi r_1^2}\cdot\pi r^2=I\cdot\frac{r^2}{r_1^2}$；$B_1=\frac{\mu_0 I}{2\pi r_1^2}\cdot r$；

(2)$r_1<r<r_2$ 时：$\sum I_i=I$；$B_2=\frac{\mu_0 I}{2\pi r}$；

(3) $r_2<r<r_3$ 时：$\sum I_i=I-\frac{I\pi(r^2-r_2^2)}{\pi(r_3^2-r_2^2)}=\frac{r_3^2-r^2}{r_3^2-r_2^2}I$；

$B_3=\frac{\mu_0 I}{2\pi r}\frac{r_3^2-r^2}{r_3^2-r_2^2}$；

(4)$r>r_3$ 时：$\sum I_i=0$；$B_4=0$。

3. 解：(1) 载流导线1、2在 A 点处的磁感应强度 B_1，B_2 的方向均垂直纸面向外；由于 A 点与两导线等距，故有：

$$B_1=B_2=\frac{\mu_0}{2\pi}\cdot\frac{I_1}{r_1+\frac{r_2}{2}}=\cdots$$

$$=2.0\times10^{-5}\text{T}；$$

则 A 点处的磁感应强度：$B_A=2B_1=4.0\times10^{-5}\text{T}$。

(2) 将斜线所示面积 S 分割为许多长为 l，宽为 dr 的面积 dS；它与导线1相距 r，与导线2相距 $d-r$，该处磁感应强度 B 垂直纸面向外，大小为：

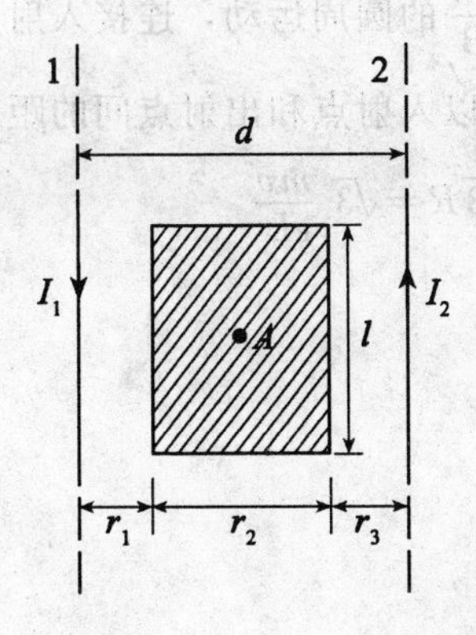

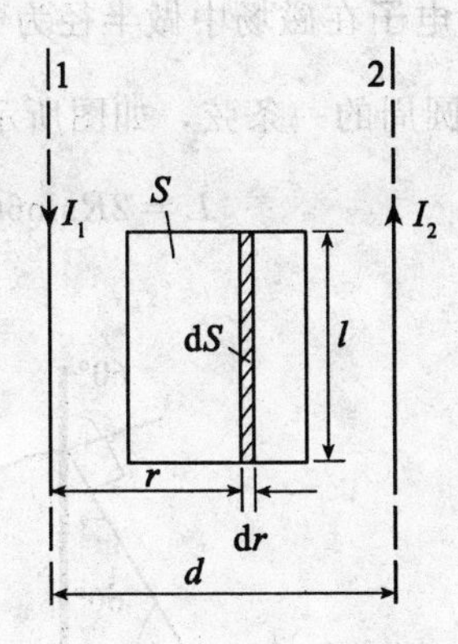

计算题3图

$$B=\frac{\mu_0 I_1}{2\pi r}+\frac{\mu_0}{2\pi}\frac{I_2}{d-r};$$

所以，通过 dS 的磁通量为：$\mathrm{d}\phi=\boldsymbol{B}\cdot\mathrm{d}\boldsymbol{S}=B\mathrm{d}S=\frac{\mu_0 l}{2\pi}\left(\frac{I_1}{r}+\frac{I_2}{d-r}\right)\mathrm{d}r$

通过 S 的磁通量为：$\phi=\int\mathrm{d}\phi=\frac{\mu_0 l}{2\pi}\int_{r_1}^{r_1+r_2}\left(\frac{I_1}{r}+\frac{I_2}{d-r}\right)\mathrm{d}r$

$$=\frac{\mu_0 lI_1}{2\pi}\ln\frac{r_1+r_2}{r_1}+\frac{\mu_0 lI_2}{2\pi}\ln\frac{\mathrm{d}-r_1}{\mathrm{d}-r_1-r_2};$$

由于 $I_1=I_2$，$\mathrm{d}=r_1+r_2+r_3$，$r_1=r_3$，所以有

$\phi=\frac{\mu_0 lI_1}{\pi}\ln\frac{r_1+r_2}{r_1}=\cdots=2.2\times10^{-6}\,\mathrm{Wb}$。

4. 解：在球面上取一与转轴夹角为 θ，宽为 dl 的细环，其面积

$$\mathrm{d}S=2\pi y\,\mathrm{d}l=2\pi(R\sin\theta)R\mathrm{d}\theta=2\pi R^2\sin\theta\,\mathrm{d}\theta$$

环上所载电荷

$$\mathrm{d}Q=\sigma\mathrm{d}S=2\pi\sigma R^2\sin\theta\,\mathrm{d}\theta$$

其等效电流

$$\mathrm{d}I=\frac{\omega}{2\pi}\mathrm{d}Q=\omega\sigma R^2\sin\theta\,\mathrm{d}\theta$$

它在 O 点处产生的磁感应强度

$$\mathrm{d}B_o=\frac{\mu_0 r^2\mathrm{d}I}{2R^3}=-\frac{\mu_0 R\omega\sigma}{2}(1-\cos^2\theta)\mathrm{d}\cos\theta$$

故带电球面在 O 点处产生的磁感应强度的大小

$$B_o=\int\mathrm{d}B_o=-\int_0^{\pi}\frac{\mu_0 R\omega\sigma}{2}(1-\cos^2\theta)\mathrm{d}\cos\theta=\frac{2}{3}\mu_0 R\omega\sigma$$

5. 解：电子在磁场中做半径为 $R=\frac{mv}{eB}$ 的圆周运动，连接入射点和出射点的线段将是圆周的一条弦，如图所示。所以入射点和出射点间的距离为：

$$L=2R\sin60^{\circ}=\sqrt{3}R=\sqrt{3}\,\frac{mv}{eB}$$

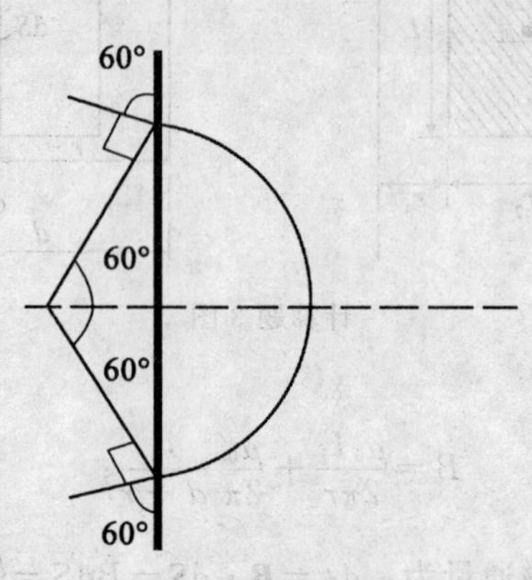

计算题 5 图

6. 解：平衡时重力矩等于磁力矩，即

$$M_g=M_m$$

$$M_m=IBa\cdot a\cos\theta=IBa^2\cos\theta$$

$$M_g=mg\cdot\frac{1}{2}a\sin\theta+mg\cdot\frac{1}{2}a\sin\theta+mg\cdot a\sin\theta$$

$$=2mga\sin\theta=2\rho aga\sin\theta=2\rho a^2g\sin\theta$$

磁感应强度为：

$$B=\frac{2\rho g\sin\theta}{I\cos\theta}=\frac{2\times8.9\times10^3\times9.8\times\sin15^{\circ}}{10\times\cos15^{\circ}}=9.3\times10^{-3}\,\mathrm{T}$$

7. 解：导线 AB 在空间产生的磁场为：

$$B=\frac{\mu_0I_1}{2\pi r}$$

(1) CD 边受力：$F_{CD}=I_2Bb=\frac{\mu_0I_1I_2b}{2\pi d}=\frac{4\pi\times10^{-7}\times20\times10\times20.0\times10^{-2}}{2\pi\times1.0\times10^{-2}}$

$=8.0\times10^{-4}\,\mathrm{N}$ 向左

FE 边受力：$F_{FE}=I_2Bb=\frac{\mu_0I_1I_2b}{2\pi(d+a)}=\frac{4\pi\times10^{-7}\times20\times10\times20.0\times10^{-2}}{2\pi\times(1.0+9.0)\times10^{-2}}$

$=8.0\times10^{-5}\,\mathrm{N}$ 向右

CF 边受力：$F_{CF}=\int_d^{d+a}BI_2\mathrm{d}r=\int_d^{d+a}\frac{\mu_0I_1I_2}{2\pi r}\mathrm{d}r=\frac{\mu_0I_1I_2}{2\pi}\ln\frac{d+a}{d}$

$$=\frac{4\pi\times10^{-7}\times20\times10}{2\pi}\ln\frac{(1.0+9.0)\times10^{-2}}{1.0\times10^{-2}}$$

$$=9.2\times10^{-5}\text{N}\quad\text{向上}$$

DE 边受力：$F_{DE}=\int_{d}^{d+a}BI_2\mathrm{d}r=\int_{d}^{d+a}\frac{\mu_0I_1I_2}{2\pi r}\mathrm{d}r=\frac{\mu_0I_1I_2}{2\pi}\ln\frac{d+a}{d}$

$$=\frac{4\pi\times10^{-7}\times20\times10}{2\pi}\ln\frac{(1.0+9.0)\times10^{-2}}{1.0\times10^{-2}}$$

$$=9.2\times10^{-5}\text{N}\quad\text{向下}$$

(2) 线圈所受合力：

$$F=F_{CD}-F_{FE}=7.2\times10^{-4}\text{N}$$

线圈所受合力矩为零。

第7章　电磁感应　电磁场

一、基本要求

(1)掌握法拉第电磁感应定律。

(2)理解动生电动势和感生电动势，掌握动生电动势和感生电动势的求法。

(3)了解涡旋电场和涡电流。

(4)了解自感系数和互感系数。

(5)了解磁场的能量。

(6)了解位移电流，掌握用麦克斯韦方程组求解。

二、内容提要

1. 电磁感应

电磁感应定律：$\varepsilon_i = -\dfrac{\mathrm{d}\Phi_m}{\mathrm{d}t}$

楞次定律：感应电流的方向总是反抗引起感应电流的原因。

2. 动生电动势

$$\varepsilon_i = \int \boldsymbol{v} \times \boldsymbol{B} \cdot \mathrm{d}\boldsymbol{l}$$

3. 感生电动势

$$\varepsilon_i = \oint_L \boldsymbol{E}_{涡} \cdot \mathrm{d}\boldsymbol{l} = -\int_S \frac{\partial \boldsymbol{B}}{\partial t} \cdot \mathrm{d}\boldsymbol{S}$$

4. 自感

自感系数：$L = \dfrac{\Psi}{I}$

自感电动势：$\varepsilon_L = -L\dfrac{\mathrm{d}I}{\mathrm{d}t}$

5. 互感

互感系数：$M_{21} = \dfrac{\Psi_{21}}{I_1}$，$M_{12} = \dfrac{\Psi_{12}}{I_2}$，$M_{21} = M_{12} = M$

互感电动势：$\varepsilon_{21}=-M\dfrac{\mathrm{d}I_1}{\mathrm{d}t}$，$\varepsilon_{12}=-M\dfrac{\mathrm{d}I_2}{\mathrm{d}t}$

6. 磁场能量

自感磁能：$W_{自}=\dfrac{1}{2}LI^2$

互感磁能：$W_{互}=MI_1I_2$

磁能密度：$w_m=\dfrac{1}{2}\dfrac{B^2}{\mu}=\dfrac{1}{2}\mu H^2=\dfrac{1}{2}BH$

磁场能量：$W_m=\int_V \dfrac{1}{2}\dfrac{B^2}{\mu}\mathrm{d}V$

7. 位移电流

位移电流表征变化电场在其周围空间激发磁场所引入的等效电流。

位移电流密度：$\boldsymbol{j}_d=\dfrac{\mathrm{d}\boldsymbol{D}}{\mathrm{d}t}$

位移电流：$I_d=\dfrac{\mathrm{d}\Phi_e}{\mathrm{d}t}=\int_S \dfrac{\partial \boldsymbol{D}}{\partial t}\cdot \mathrm{d}\boldsymbol{S}$

8. 麦克斯韦方程组

积分形式：

$$\oint_S \boldsymbol{D}\cdot \mathrm{d}\boldsymbol{S}=\int_V \rho\,\mathrm{d}V$$

$$\oint_L \boldsymbol{E}\cdot \mathrm{d}\boldsymbol{l}=-\int_S \frac{\partial \boldsymbol{B}}{\partial t}\cdot \mathrm{d}\boldsymbol{S}$$

$$\oint_S \boldsymbol{B}\cdot \mathrm{d}\boldsymbol{S}=0$$

$$\oint_L \boldsymbol{H}\cdot \mathrm{d}\boldsymbol{l}=-\int_S \left(\boldsymbol{j}+\frac{\partial \boldsymbol{D}}{\partial t}\right)\cdot \mathrm{d}\boldsymbol{S}$$

*微分形式：

$$\nabla\cdot \boldsymbol{D}=\rho$$

$$\nabla\times \boldsymbol{E}=-\frac{\partial \boldsymbol{B}}{\partial t}$$

$$\nabla\cdot \boldsymbol{B}=0$$

$$\nabla\times \boldsymbol{H}=\boldsymbol{j}+\frac{\partial \boldsymbol{D}}{\partial t}$$

介质性质方程：

$$\boldsymbol{D}=\varepsilon \boldsymbol{E}$$

$$\boldsymbol{B}=\mu \boldsymbol{H}$$

三、解题指导与例题

例 1 直导线中通以交流电，如例 1 图所示，置于磁导率为 μ 的介质中，已知：$I=I_0\sin\omega t$，其中 I_0，ω 是大于零的常量，求与其共面的 N 匝矩形回路中的感应电动势。

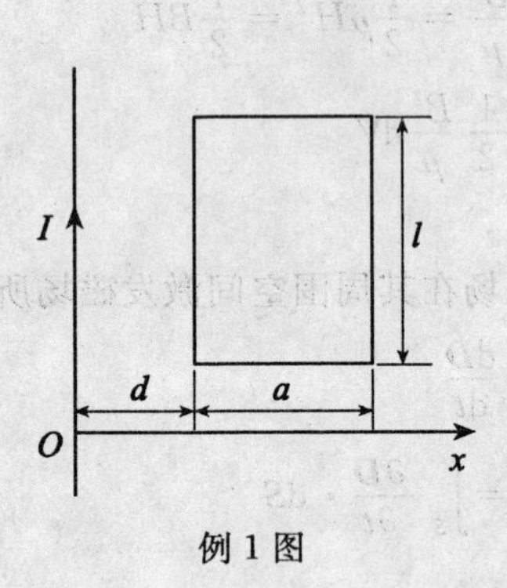

例 1 图

解：$B=\dfrac{\mu_0 I}{2\pi x}$

$$\Phi=\int_d^{d+a}\frac{\mu_0 I}{2\pi x}\cdot l\mathrm{d}x=\frac{\mu_0 Il}{2\pi}\ln\frac{d+a}{d}$$

$$\varepsilon=-N\frac{\mathrm{d}\Phi}{\mathrm{d}t}=-\frac{\mu_0\omega l}{2\pi}\ln\frac{d+a}{d}\cos\omega t$$

例 2 如例 2 图所示，长直导线中通有电流 $I=5.0\text{A}$，在与其相距 $d=0.5\text{cm}$ 处放有一矩形线圈，共 1000 匝，设线圈长 $l=4.0\text{cm}$，宽 $a=2.0\text{cm}$。不计线圈自感，若线圈以速度 $v=3.0\text{cm/s}$ 沿垂直于长导线的方向向右运动，则线圈中的感生电动势多大？

解：$\varepsilon_{ab}=NB_2lv$，$\varepsilon_{dc}=NB_1lv$

$$\varepsilon=\varepsilon_{dc}-\varepsilon_{ab}$$

$$=NB_1lv-NB_2lv=\frac{\mu_0 IN}{2\pi}\left(\frac{1}{d}-\frac{1}{d+a}\right)lv=\frac{\mu_0 IalvN}{2\pi d(d+a)}$$

例 3 如例 3 图所示，半径为 a 的长直螺线管中，有 $\dfrac{\mathrm{d}B}{\mathrm{d}t}>0$ 的磁场，一直导线弯成等腰梯形的闭合回路 $ABCDA$，总电阻为 R，上底为 a，下底为 $2a$，求：(1)AD 段、BC 段和闭合回路中的感应电动势；(2)B，C 两点间的电势差 U_B-U_C。

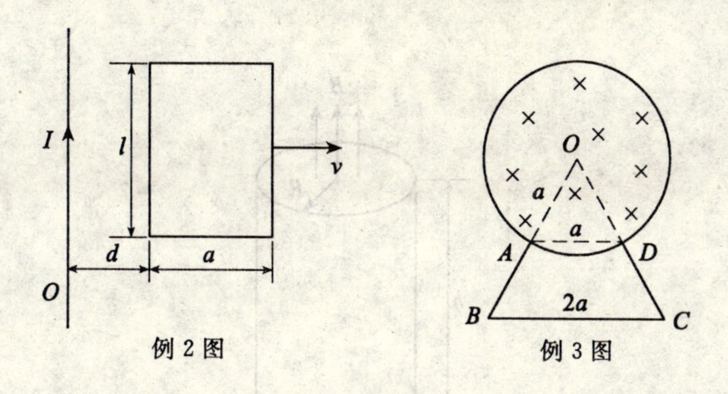

例2图　　　　例3图

解：

$$\oint \boldsymbol{E} \cdot \mathrm{d}\boldsymbol{l} = -\frac{\mathrm{d}\Phi}{\mathrm{d}t}$$

$$E_1 = -\frac{r}{2} \cdot \frac{\mathrm{d}B}{\mathrm{d}t} \quad (r < a)$$

$$E_2 = -\frac{a^2}{2r} \cdot \frac{\mathrm{d}B}{\mathrm{d}t} \quad (r > a)$$

$$\varepsilon_{AD} = \int \boldsymbol{E}_1 \cdot \mathrm{d}\boldsymbol{l} = \int E\cos\theta \mathrm{d}l = \int_{-\frac{a}{2}}^{\frac{a}{2}} \frac{r}{2} \frac{\mathrm{d}B}{\mathrm{d}t} \frac{\sqrt{a^2 - \left(\frac{a}{2}\right)^2}}{r} \mathrm{d}l = \frac{\sqrt{3}}{4} \cdot a^2 \frac{\mathrm{d}B}{\mathrm{d}t}$$

同理，$\varepsilon_{BC} = \int \boldsymbol{E}_2 \cdot \mathrm{d}\boldsymbol{l} = \frac{\pi a^2}{6} \frac{\mathrm{d}B}{\mathrm{d}t}$

整个闭合回路的电动势 $\varepsilon = \varepsilon_{BC} - \varepsilon_{AD} = \left(\frac{\pi a^2}{6} - \frac{\sqrt{3} a^2}{4}\right) \frac{\mathrm{d}B}{\mathrm{d}t}$

$$U_B - U_C = -\varepsilon_{BC} = -\frac{\pi a^2}{6} \frac{\mathrm{d}B}{\mathrm{d}t}$$

例4　圆柱形匀强磁场中同轴放置一金属圆柱体，半径为 R，高为 h，电阻率为 ρ，如例4图所示。若匀强磁场以 $\frac{\mathrm{d}B}{\mathrm{d}t} = k$（$k > 0$，$k$ 为恒量）的规律变化，求圆柱体内涡电流的热功率。

解：在圆柱体内任取一个半径为 r，厚度为 $\mathrm{d}r$，高为 h 的小圆柱桶壁，则

$$\varepsilon = \frac{\mathrm{d}\Phi}{\mathrm{d}t} = \pi r^2 \frac{\mathrm{d}B}{\mathrm{d}t}$$

电阻　　$R = \rho \frac{2\pi r}{h \mathrm{d}r}$

$$\mathrm{d}P = \frac{\varepsilon^2}{R} = \frac{h}{\rho} \frac{\mathrm{d}B}{\mathrm{d}t} \cdot r \mathrm{d}r$$

$$P = \int_0^R \frac{\pi h}{2\rho} \left(\frac{\mathrm{d}B}{\mathrm{d}t}\right)^2 \cdot r^3 \mathrm{d}r = \frac{\pi h k^2 R^4}{8\rho}$$

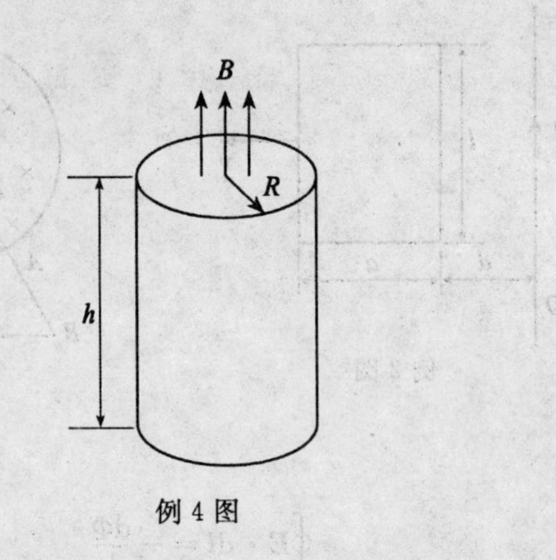

例 4 图

四、自 测 题

(一)选择题

1. 在如选择题 1 图所示的装置中，当不太长的条形磁铁在闭合线圈内做振动时(忽略空气阻力)：

(A)振幅会逐渐加大；　　　　(B)振幅会逐渐减小；

(C)振幅不变；　　　　　　(D)振幅先减小后增大。［　　］

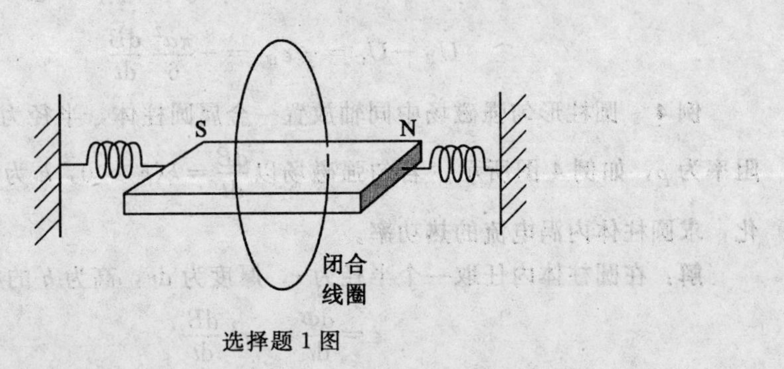

选择题 1 图

2. 一导体圆线圈在均匀磁场中运动，能使其中产生感应电流的一种情况是：

(A)线圈绕自身直径轴转动，轴与磁场方向平行；

(B)线圈绕自身直径轴转动，轴与磁场方向垂直；

(C)线圈平面垂直于磁场并沿垂直磁场方向平移；

(D)线圈平面平行于磁场并沿垂直磁场方向平移。 [ ]

3. 尺寸相同的铁环与铜环所包围的面积中，通以相同变化率的磁通量，环中：

(A)感应电动势不同；

(B)感应电动势相同，感应电流相同；

(C)感应电动势不同，感应电流相同；

(D)感应电动势相同，感应电流不同。 [ ]

4. 在感应电场中电磁感应定律可写成$\oint_l \boldsymbol{E}_K \cdot \mathrm{d}\boldsymbol{l} = -\frac{\mathrm{d}}{\mathrm{d}t}\phi$，式中$\boldsymbol{E}_K$为感应电场的电场强度，此式表明：

(A) 闭合曲线 l 上 $\boldsymbol{E}_K$ 处处相等；

(B) 感应电场是保守力场；

(C) 感应电场的电力线不是闭合曲线；

(D) 在感应电场中不能像对静电场那样引入电势的概念。 [ ]

5. 一个电阻为R、自感系数为L的线圈，将它接在一个电动势为$\varepsilon(t)$的交变电源上，线圈的自感电动势为$\varepsilon_L = -L\frac{\mathrm{d}I}{\mathrm{d}t}$，则流过线圈的电流为：

(A)$\varepsilon(t)/R$； (B)$[\varepsilon(t) - \varepsilon_L]/R$；

(C)$[\varepsilon(t) + \varepsilon_L]/R$； (D)$\varepsilon_L/R$。 [ ]

6. 如选择题 6 图所示，M，P，O是由软磁材料制成的棒，三者在同一平面内，当 K 闭合后：

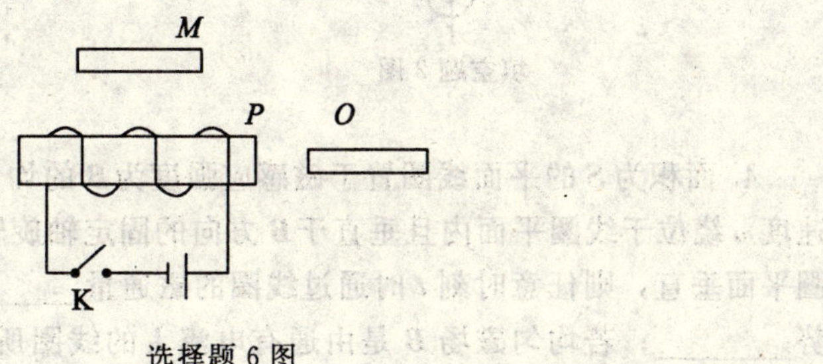

选择题 6 图

(A)M 的左端出现 N 极；

(B)P 的左端出现 N 极；

(C)O 的右端出现 N 极；

(D)P 的右端出现 N 极。 [ ]

(二) 填空题

1. 半径为 a 的无限长密绕螺线管，单位长度上的匝数为 n，通以交变电流 $i=I_m\sin\omega t$，则围在管外的同轴圆形回路(半径为 r)上的感生电动势为________。

2. 在一马蹄形磁铁下面放一铜盘，铜盘可自由绕轴转动，如填空题2图所示，当上面的磁铁迅速旋转时，下面的铜盘也跟着以相同转向转动起来，这是因为________。

3. 如填空题3图所示，在一长直导线 L 中通有电流 I，$ABCD$ 为一矩形线圈，它与 L 皆在纸面内，且 AB 边与 L 平行。

(1) 矩形线圈在纸面内向右移动时，线圈中感应电动势方向为________；

(2) 矩形线圈绕 AD 边旋转，当 BC 边已离开纸面正向外运动时，线圈中感应动势的方向为________。

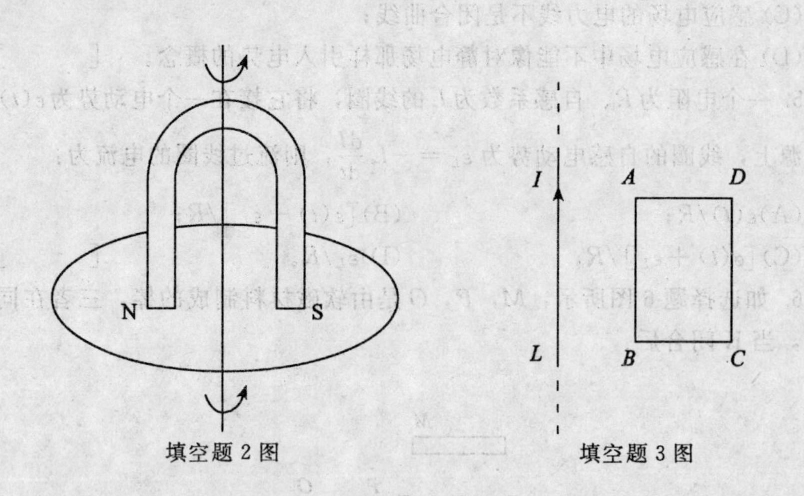

填空题2图　　填空题3图

4. 面积为 S 的平面线圈置于磁感应强度为 $\boldsymbol{B}$ 的均匀磁场中，若线圈以匀角速度 ω 绕位于线圈平面内且垂直于 $\boldsymbol{B}$ 方向的固定轴旋转，在时刻 $t=0$ 时 $\boldsymbol{B}$ 与线圈平面垂直，则任意时刻 t 时通过线圈的磁通量________，线圈中的感应电动势________；若均匀磁场 $\boldsymbol{B}$ 是由通有电流 I 的线圈所产生，且 $B=kI$(k 为常量)，则旋转线圈相对于产生磁场的线圈最大互感系数为________。

5. 有两个长度相同，匝数相同，截面积不同的长直螺线管，通以相同大小的电流，现在将小螺线管完全放入大螺线管里(两者轴线重合)，且使两者产生的磁场方向一致，则小螺线管内的磁能密度是原来的________倍；若使两螺线管产生的磁场方向相反，则小螺线管中的磁能密度为________。(忽略边缘效应)

6. 由导线弯成的宽为 a 高为 b 的矩形线圈，以不变速率 v 平行于其宽度方向从无磁场空间垂直于边界进入一宽为 $3a$ 的均匀磁场中，线圈平面与磁场方向垂直(如填空题 6 图所示)，然后又从磁场中出来，继续在无磁场的空间运动，设线圈右边刚进入磁场时为 $t=0$ 时刻，试在附图中画出感应电流 I 与时间 t 的函数关系曲线，线圈的电阻为 R，取线圈刚进入磁场时感应电流的方向为正向。(忽略线圈自感)

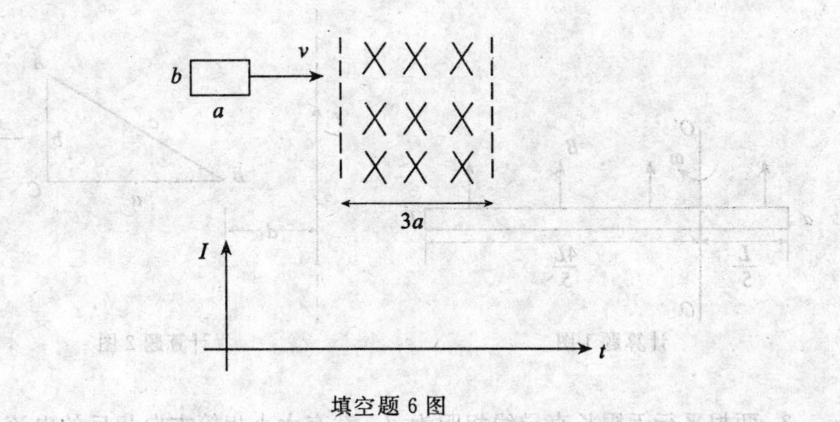

填空题 6 图

7. 在一个中空的圆柱面上紧密地绕有两个完全相同的线圈 aa' 和 bb'(如填空题 7 图所示)，已知每个线圈的自感系数都等于 0.05H。若 a，b 两端相接，a'，b' 接入电路，则整个线圈的自感 $L=$________；若 a，b' 两端相连，a'，b 接入电路，则整个线圈的自感 $L=$________；若 a，b 相连，又 a'，b' 相连，再以此两端接入电路，则整个线圈的自感 $L=$________。

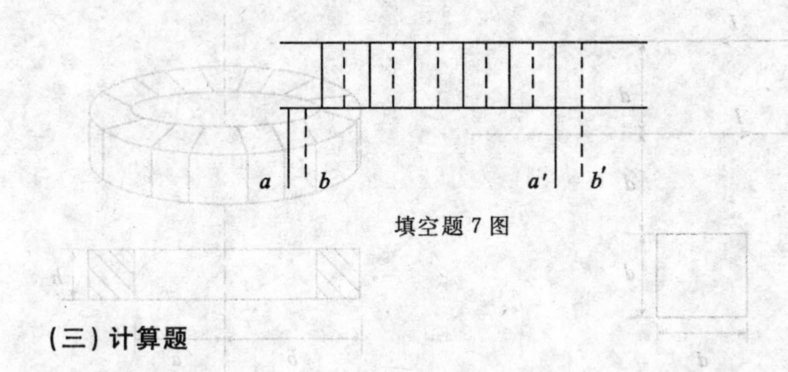

填空题 7 图

(三) 计算题

1. 如计算题 1 图所示，一根铜棒长为 $L=0.05\text{m}$，水平放置于一竖直向上的匀强磁场中，绕位于距 a 端 $L/5$ 处的竖直轴 OO' 在水平面内旋转，每秒钟转两圈。已知该磁场的磁感应强度 $B=0.50\times10^{-4}\text{T}$。求铜棒两端 a，b 的电位差。

2. 如计算题 2 图所示，无限长直导线，通以电流 I，有一与之共面的直角三角形线圈 ABC，已知 AC 边长为 b，且与长直导线平行，BC 边长为 a，若线圈以垂直于导线方向的速度 v 向右平移，当 B 点与长直导线的距离为 d 时，求线圈 ABC 内的感应电动势的大小和感应电动势的方向。

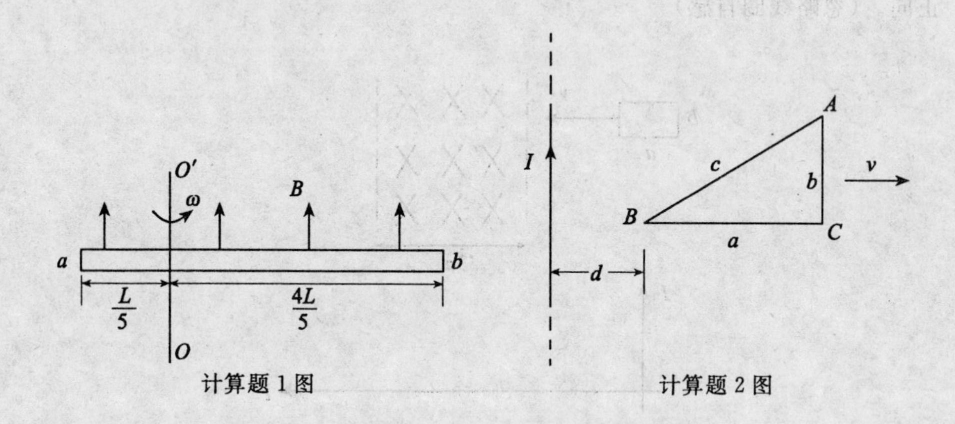

计算题 1 图　　计算题 2 图

3. 两根平行无限长直导线相距为 d，载有大小相等方向相反的电流 I，电流变化率 $\mathrm{d}I/\mathrm{d}t=\alpha>0$。一个边长为 d 的正方形线圈位于导线平面内与一根导线相距 d，如计算题 3 图所示。求线圈中的感应电动势 ε，并说明线圈中的感应电动势是顺时针还是逆时针方向。

4. 一截面为长方形的环式螺线管(共有 N 匝) 其尺寸如计算题 4 图所示，求此螺线管的自感系数。

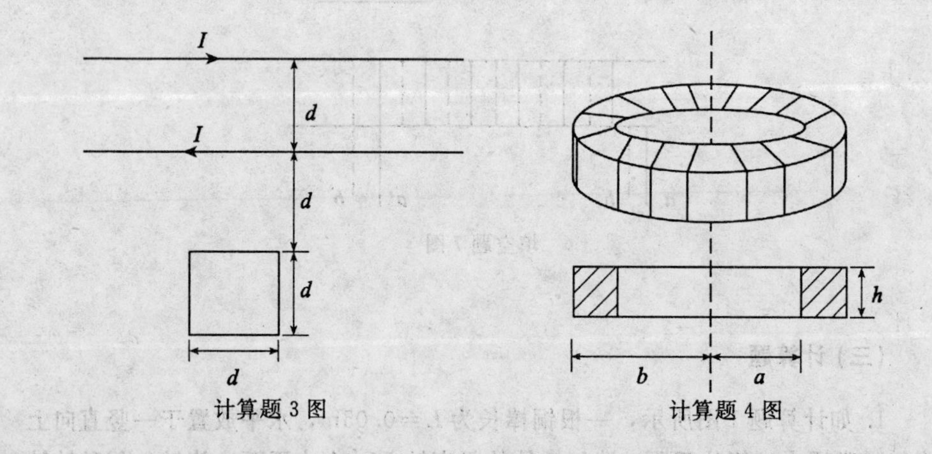

计算题 3 图　　计算题 4 图

五、自测题参考答案

(一) 选择题

1. (B)；2. (B)；3. (D)；4. (D)；5. (C)；6. (B)

(二) 填空题

1.　$-\mu_0 n I_m \pi a^2 \omega \cos\omega t$
2. 铜盘内产生感生电流，磁场对电流作用所致
3.　$ADCBA$ 绕向；　　$ADCBA$ 绕向
4.　$BS\cos\omega t$；　　$BS\omega\sin\omega t$；　　kS
5.　4；　　0
6. 答案见图

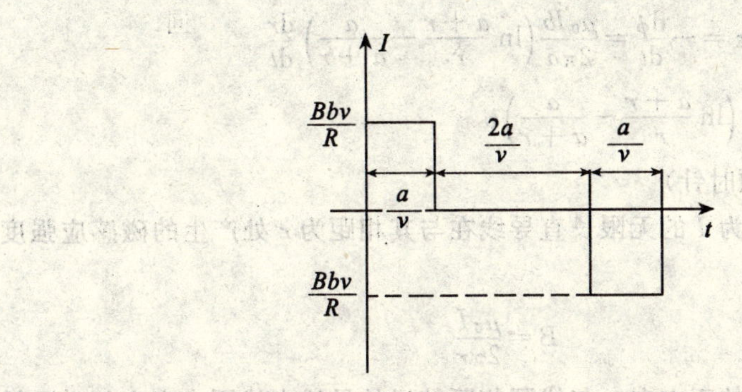

7. 0；　　0.2H；　　0.05H

(三) 计算题

1. 解：建立如图所示坐标系，在 ab 上任取线元 dx，如图。铜棒旋转时产生的动生电动势：

$$d\varepsilon_{动} = (\boldsymbol{v} \times \boldsymbol{B}) \cdot dx\boldsymbol{i} = B\omega x\,dx$$

整根铜棒产生的动生电动势：

$$\varepsilon_{动} = \int_{-\frac{L}{5}}^{\frac{4L}{5}} B\omega x\,dx = \frac{3}{10}B\omega L^2 = \frac{3}{10} \times 0.50 \times 10^{-4} \times 2 \times 2\pi \times (0.05)^2$$

$$\approx 4.71 \times 10^{-8}\,(V)$$

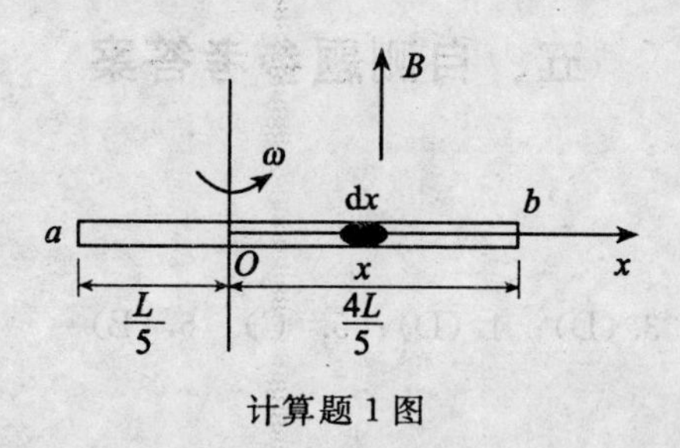

计算题 1 图

2. 解：建立坐标系，长直导线为 y 轴，BC 边为 x 轴，原点在长直导线上，则斜边的方程为

$$y=\frac{bx}{a}-\frac{br}{a}$$

式中 r 是 t 时刻 B 点与长直导线的距离，三角形中的磁通量

$$\phi=\frac{\mu_0 I}{2\pi}\int_r^{a+r}\frac{y}{x}\mathrm{d}x=\frac{\mu_0 I}{2\pi}\int_r^{a+r}\left(\frac{b}{a}-\frac{br}{ax}\right)\mathrm{d}x=\frac{\mu_0 I}{2\pi}\left(b-\frac{br}{a}\ln\frac{a+r}{r}\right)$$

$$\varepsilon=-\frac{\mathrm{d}\phi}{\mathrm{d}t}=\frac{\mu_0 Ib}{2\pi a}\left(\ln\frac{a+r}{r}-\frac{a}{a+r}\right)\frac{\mathrm{d}r}{\mathrm{d}t}$$

当 $r=\mathrm{d}$ 时，$\varepsilon=\frac{\mu_0 Ib}{2\pi a}\left(\ln\frac{a+r}{r}-\frac{a}{a+r}\right)v$

方向：$ACBA$（顺时针）

3. 解：(1) 载流为 I 的无限长直导线在与其相距为 r 处产生的磁感应强度为：

$$B=\frac{\mu_0 I}{2\pi r}$$

以顺时针绕向为线圈的正方向，与线圈相距较远的导线在线圈中产生的磁通量为：

$$\phi_1=\int_{24}^{34}d\cdot\frac{\mu_0 I}{2\pi r}\mathrm{d}r=\frac{\mu_0 Id}{2\pi}\ln\frac{3}{2}$$

与线圈相距较近的导线在线圈中产生的磁通量为：

$$\phi_2=-\int_4^{24}d\cdot\frac{\mu_0 I}{2\pi r}\mathrm{d}r=-\frac{\mu_0 Id}{2\pi}\ln 2$$

总磁通量

$$\phi=\phi_1+\phi_2=-\frac{\mu_0 Id}{2\pi}\ln\frac{4}{3}$$

感应电动势为：

$$\varepsilon=-\frac{\mathrm{d}\phi}{\mathrm{d}t}=\frac{\mu_0 d}{2\pi}\ln\frac{4}{3}\frac{\mathrm{d}I}{\mathrm{d}t}=\frac{\mu_0 d\alpha}{2\pi}\ln\frac{4}{3}$$

由于 $\varepsilon > 0$，且回路正方向为顺时针，所以 ε 的绕向为顺时针方向，线圈中的感应电动势亦为顺时针方向。

4. 解：由安培环路定律得螺线管内磁感应强度：$B=\dfrac{\mu_0 NI}{2\pi r}$

螺线管内的磁通量为：

$$\Phi_m = N\phi_m = N\iint \boldsymbol{B}\cdot \mathrm{d}\boldsymbol{s} = \int_a^b \frac{\mu_0 N^2 I}{2\pi r}\cdot h\mathrm{d}r = \frac{\mu_0 N^2 Ih}{2\pi}\ln\frac{b}{a}$$

由自感定义 $L=\dfrac{\Phi_m}{I}$，得：$L=\dfrac{\mu_0 N^2 h}{2\pi}\ln\dfrac{b}{a}$

第8章　气体分子运动论

一、基本要求

(1)理解平衡态的概念，理解理想气体的物态方程和热力学第零定律。

(2)理解物质和理想气体的微观模型的特点，理解理想气体的压强和温度公式，能从宏观和微观两个方面理解温度和压强的统计意义。

(3)了解自由度的概念，理解能量均分定理，能计算理想气体的内能。

(4)理解麦克斯韦速率分布律、速率分布函数和速率分布曲线的物理意义，能计算气体分子热运动的三种统计速率。

(5)理解气体分子的平均碰撞频率和自由程的概念。

二、内容提要

气体分子运动论的基本出发点是认为气体由大量分子(或原子)组成，分子在不停地做无规则的热运动。由于分子数量特别巨大，所以它的运动规律与力学规律既有区别又有联系。就单分子而言，它遵循力学规律，然而由于每个分子又受到大量其他分子的复杂的作用，它的运动则表现出无序性，很难从求解分子的动力学方程来确定其运动规律。更为重要的是，掌握每个分子的运动规律也是没有必要的，因为个别分子的行为代表不了气体的宏观性质，重要的还是气体的宏观性质，而气体的宏观性质是大量分子热运动的整体表现。气体分子的运动论是用统计平均的方法，寻求宏观量与微观量的内在联系，揭示宏观热现象的本质。

本章首先介绍了描述气体宏观状态的物态参量、平衡态的概念、理想气体物态方程和热力学第零定律。然后在介绍物质的微观模型及统计规律性的一般概念后，从理想气体的微观模型出发，揭示理想气体压强产生的原因和实质。再根据压强的微观表示与理想气体的物态方程，得到平均平动动能与温度的关系，从而说明温度的实质，进而得到能量均分定理及理想气体内能的表达式。接着介绍了理想气体平衡态下分子速率分布规律，引入了三种统计速率。最后介绍了平均碰撞频率和平均自由程。

三、解题指导与例题

例 1　目前可获得的极限真空度为 1.0×10^{-18} atm。求此真空度下 8.5g 空气内平均有多少个分子。设温度为 20℃。

解：根据理想气体的压强公式 $p=nkT$ 可得

$$n=\frac{p}{kT}=\frac{1.0\times10^{-18}\times1.01\times10^{5}}{1.38\times10^{-23}\times293}=25\text{cm}^{-3}$$

例 2　一个篮球充气后，其中有氮气 8.5g，温度为 17℃，在空中以 8.5g 高速飞行。求：(1) 一个氮气分子(设其为刚性分子) 的热运动平均平动动能、平均转动动能和平均总动能；(2) 球内氮气分子的内能；(3) 球内氮气的轨道动能。

解：(1) 氮气分子为刚性分子，有五个自由度，其中三个为平动自由度，两个为转动自由度，

$$\overline{\varepsilon_t}=\frac{t}{2}kT=\frac{3}{2}\times1.38\times10^{-23}\times290=6.00\times10^{-21}\text{J}$$

$$\overline{\varepsilon_r}=\frac{r}{2}kT=\frac{2}{2}\times1.38\times10^{-23}\times290=4.00\times10^{-21}\text{J}$$

$$\overline{\varepsilon}=\frac{i}{2}kT=\frac{5}{2}\times1.38\times10^{-23}\times290=1.00\times10^{-20}\text{J}$$

(2) $E=\frac{i}{2}\nu RT=\frac{5}{2}\times\frac{8.5}{28}\times8.31\times290=1.83\times10^{3}\text{J}$

(3) $E_k=\frac{1}{2}mv^2=\frac{1}{2}\times8.5\times10^{-3}\times\left(\frac{65000}{3600}\right)^2=1.39\text{J}$

由此可见，球内氮气分子的内能比其轨道动能大得多。

例 3　有 N 个粒子，其速率分布函数为 $f(v)=\begin{cases}av/v_0, & 0\leqslant v\leqslant v_0,\\ a, & v_0\leqslant v\leqslant 2v_0,\\ 0, & v>2v_0,\end{cases}$

求：(1) 速率大于 v_0 的粒子数；(2) 粒子的平均速率。

解：(1) 由归一化条件 $\int_0^{\infty}f(v)\,\mathrm{d}v=1$ 可得 $\int_0^{v_0}\frac{av}{v_0}\mathrm{d}v+\int_{v_0}^{2v_0}a\mathrm{d}v=1$，即 $a=\frac{2}{3v_0}$

速率大于 v_0 的粒子数为：$\Delta N=\int_{v_0}^{\infty}Nf(v)\,\mathrm{d}v=\int_{v_0}^{2v_0}Na\,\mathrm{d}v=\frac{2}{3}N$

(2)$\bar{v}=\int_0^{\infty}vf(v)\,\mathrm{d}v=\int_0^{v_0}v\frac{av}{v_0}\mathrm{d}v+\int_{v_0}^{2v_0}va\,\mathrm{d}v=\frac{11v_0}{9}$

例4 试估计下列两种情况下空气分子的平均自由程：(1)273K，1.013×10^5Pa 时；(2)273K，1.013×10^{-3}Pa 时。

解：空气中气体的成分大部分是氧和氮分子，它们的有效直径的数值均在 3.10×10^{-10}m 附近，把已知数据代入平均自由程的计算公式，可得

(1) 在 $T=273\text{K}$，$p=1.013\times10^5$Pa 时

$$\bar{\lambda}=\frac{1.38\times10^{-23}\times273}{\sqrt{2}\pi\times(3.10\times10^{-10})^2\times1.013\times10^5}=8.71\times10^{-8}\,\text{m}$$

(2) 在 $T=273\text{K}$，$p=1.013\times10^{-3}$Pa 时

$$\bar{\lambda}=\frac{1.38\times10^{-23}\times273}{\sqrt{2}\pi\times(3.10\times10^{-10})^2\times1.013\times10^5}=8.71\,\text{m}$$

四、自　测　题

(一) 选择题

1. 若理想气体的体积为 V，压强为 P，温度为 T，一个分子的质量为 m，k 为玻耳兹曼常量，R 为摩尔气体常量，则该理想气体的分子数为：

(A)PV/m；　　　　(B)$PV/(kT)$；

(C)$PV/(RT)$；　　　　(D)$PV/(mT)$。　　[　　]

2. 若 $f(v)$ 为气体分子速率分布函数，N 为分子总数，m 为分子质量，则 $\int_{v_1}^{v_2}\frac{1}{2}mv^2Nf(v)\mathrm{d}v$ 的物理意义是：

(A) 速率为 v_2 的各分子的总平动动能与速率为 v_1 的各分子的总平动动能之差；

(B) 速率为 v_2 的各分子的总平动动能与速率为 v_1 的各分子的总平动动能之和；

(C) 速率处在速率间隔 $v_1\sim v_2$ 之内的分子的平均平动动能；

(D) 速率处在速率间隔 $v_1\sim v_2$ 之内的分子的平动动能之和。

3. 汽缸内盛有一定量的氢气(可视为理想气体)，当温度不变而压强增大一倍时，氢气分子的平均碰撞次数 $\bar{Z}$ 和平均自由程 $\bar{\lambda}$ 的变化情况是：

(A)$\bar{Z}$ 和 $\bar{\lambda}$ 都增大一倍；

(B)$\overline{Z}$ 和 $\overline{\lambda}$ 都减为原来的一半；

(C)$\overline{Z}$ 增大一倍而 $\overline{\lambda}$ 减为原来的一半；

(D)$\overline{Z}$ 减为原来的一半而 $\overline{\lambda}$ 增大一倍。 [ ]

4. 若室内生起炉子后温度从15℃升高到27℃，而室内气压不变，则此时室内的分子数减少了：

(A)0.5%； (B)4%；

(C)9%； (D)21%。 [ ]

5. 理想气体绝热地向真空自由膨胀，体积增大为原来的两倍，则始、末两态的温度 T_1 和 T_2 和始、末两态气体分子的平均自由程 $\overline{\lambda_1}$ 与 $\overline{\lambda_2}$ 的关系为

(A) $T_1 = T_2$，$\overline{\lambda_1} = \overline{\lambda_2}$；

(B) $T_1 = T_2$，$\overline{\lambda_1} = \frac{1}{2}\overline{\lambda_2}$；

(C) $T_1 = 2T_2$，$\overline{\lambda_1} = \overline{\lambda_2}$；

(D) $T_1 = 2T_2$，$\overline{\lambda_1} = \frac{1}{2}\overline{\lambda_2}$。 [ ]

6. 一个容器内贮有1摩尔氢气和1摩尔氦气，若两种气体各自对器壁产生的压强分别为 P_1 和 P_2，则两者的大小关系是：

(A) $P_1 > P_2$； (B) $P_1 < P_2$；

(C) $P_1 = P_2$； (D) 不确定。 [ ]

7. 在标准状态下，任何理想气体在1m³中含有的分子数都等于：

(A) 6.02×10^{23}； (B) 6.02×10^{21}；

(C) 2.69×10^{25}； (D) 2.69×10^{23}。

(玻耳兹曼常量 $k = 1.38 \times 10^{-23}\,\text{J}\cdot\text{K}^{-1}$) [ ]

8. 如选择题8图所示，两个大小不同的容器用均匀的细管相连，管中有一水银滴作活塞，大容器装有氧气，小容器装有氢气，当温度相同时，水银滴静止于细管中央，则此时这两种气体的密度哪个大？

(A) 氧气的密度大； (B) 氢气的密度大；

(C) 密度一样大； (D) 无法判断。 [ ]

(二) 填空题

1. 对一定质量的理想气体进行等温压缩，若初始时每立方米体积内气体分子数为 1.96×10^{24}，当压强升高到初始值的两倍时，每立方米体积内气体分子数应为________。

2. (1) 分子的有效直径数量级是________________________；

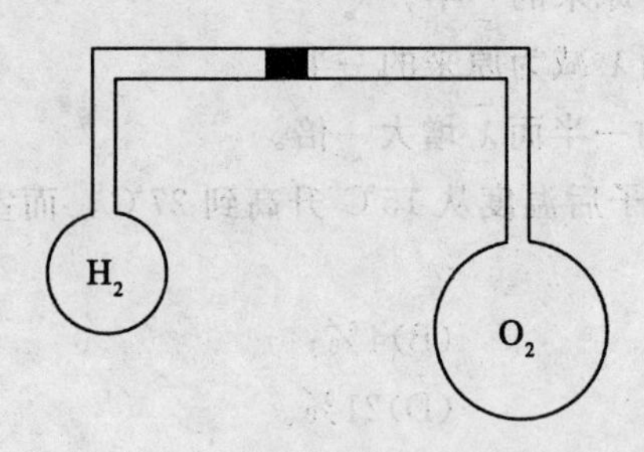

选择题 8 图

(2) 在常温下，气体分子的平均速率数量级是________；

(3) 在标准状态下气体分子的碰撞频率的数量级是________。

3. 某理想气体在温度为 27℃ 和压强为 1.0×10^{-2} atm 情况下，密度为 11.3g/m^3，则这气体的摩尔质量 $M_{\text{mol}}=$________。（摩尔气体常量 $R=8.31\text{J}\cdot\text{mol}^{-1}\cdot\text{K}^{-1}$）

4. 气体分子间的平均距离 $\bar{l}$ 与压强 P、温度 T 的关系为________，在压强为 1atm、温度为 0℃ 的情况下，气体分子间的平均距离 $\bar{l}=$________m。

（玻耳兹曼常量 $k=1.38\times10^{-23}\text{J}\cdot\text{K}^{-1}$）

5. 某气体（视为理想气体）在标准状态下的密度为 $\rho=0.0894\text{kg/m}^3$，则在常温下该气体的定压摩尔热容 $C_P=$________，定容摩尔热容 $C_V=$________。

（摩尔气体常量 $R=8.31\text{J}\cdot\text{mol}^{-1}\cdot\text{K}^{-1}$）

6. 解释下列分子运动论与热力学名词：

(1) 状态参量________；

(2) 微观量________；

(3) 宏观量________。

7. 在定压下加热一定量的理想气体。若使其温度升高 1K 时，它的体积增加了 0.005 倍，则气体原来的温度是________。

8. 重力场中大气压强随高度 h 的变化规律为 $P=P_0\exp\left\{-\dfrac{M_{\text{mol}}gh}{RT}\right\}$。当大气压强 P 减至地面压强 P_0 的 75% 时，该处距离地面的高度 $h=$________。

（设空气的温度为 0℃，摩尔气体常量 $R=8.31\text{J}\cdot\text{mol}^{-1}\cdot\text{K}^{-1}$，空气的摩尔质量为 $29\times10^{-3}\text{kg/mol}$，符号 $\exp\{a\}$ 即为 e^a）

9. 如填空题 9 图所示的两条 $f(v)-v$ 曲线分别表示氢气和氧气在同一温度下的麦克斯韦速率分布曲线。由图上数据可得氢气分子的最可几速率为________；氧气分子的最可几速率为________。

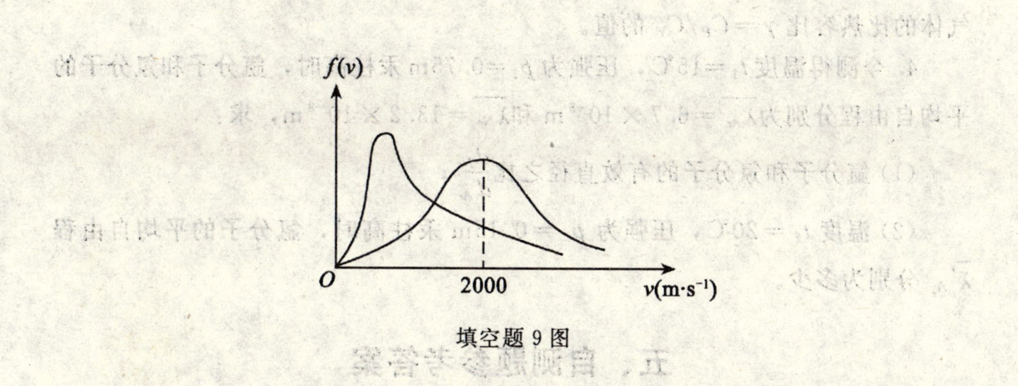

填空题 9 图

10. 一定量的理想气体处于热动平衡状态时，此热力学系统的不随时间变化的三个宏观量是____________，而随时间不断变化的微观量是____________。

11. 在推导理想气体压强公式中，体现统计意义的两条假设是：

(1) ____________________________；

(2) ____________________________。

12. 已知 $f(v)$ 为麦克斯韦速率分布函数，V_P 为分子的最可几速率，则 $\int_0^{V_P} f(v)\mathrm{d}v$ 表示____________________；

速率 $V > V_P$ 的分子的平均速率表达式为____________。

13. $P-V$ 图上的一点代表__________________；

$P-V$ 图上任意一条曲线表示__________________。

14. 有 1mol 刚性双原子分子理想气体，在等压膨胀过程中对外做功 A，则其温度变化 $\Delta T=$________________，从外界吸取的热量 $Q_P=$____________。

(三) 计算题

1. 一容积为 10cm^3 的电子管，当温度为 300K 时，用真空泵把管内空气抽成压强为 5×10^{-8} mmHg 的高真空，则此时管内有多少个空气分子？这些空气分子的平均平动动能的总和是多少？平均转动动能的总和是多少？平均动能的总和是多少？（$760\text{mmHg}=1.013\times10^5\text{Pa}$，空气分子可认为是刚性双原子分子）

2. 某理想气体的定压摩尔热容为 $29.1\text{J}\cdot\text{mol}^{-1}\cdot\text{K}^{-1}$。求它在温度为 273K 时分子平均转动动能。（玻耳兹曼常量 $k=1.38\times10^{-23}\text{J}\cdot\text{K}^{-1}$）

3. 试计算由 2mol 氩和 3mol 氮（均视为刚性分子的理想气体）组成的混合

气体的比热容比 $\gamma = C_P/C_V$ 的值。

4. 今测得温度 $t_1 = 15℃$，压强为 $p_1 = 0.75$m汞柱高时，氩分子和氖分子的平均自由程分别为$\overline{\lambda_{Ar}} = 6.7 \times 10^{-8}$ m 和$\overline{\lambda_{Ne}} = 13.2 \times 10^{-8}$ m，求：

(1) 氩分子和氖分子的有效直径之比$\dfrac{d_{Ne}}{d_{Ar}}$；

(2) 温度 $t_2 = 20℃$，压强为 $p_2 = 0.15$m 汞柱高时，氩分子的平均自由程 $\overline{\lambda}'_{A_r}$ 分别为多少。

五、自测题参考答案

(一)选择题

1.(B)；2.(D)；3.(C)；4.(B)；5.(B)；6.(C)；7.(C)；8.(A)

(二)填空题

1. 3.92×10^{24}
2. (1)10^{-10} m；
   (2)$10^2 \sim 10^3$ m·s^{-1}
   (3)$10^8 \sim 10^9$ s^{-1}
3. 27.9g/mol
4. $\overline{l} = (kT/P)^{1/3}$；　　3.34×10^{-9}
5. 29.1J/(K·mol)；　　20.8J/(K·mol)
6. (1)描述物体运动状态的物理量，称为状态参量(如热运动状态的参量为 P，V，T)；
   (2)表征个别分子状况的物理量(如分子的大小、质量、速度等)称为微观量；
   (3)表征大量分子集体特性的物理量(如 P，V，T，C 等)
7. 200K
8. 2.3×10^3 m
9. 2000m·s^{-1}；　500m·s^{-1}
10. 体积、温度和压强；　分子的运动速度(或分子运动速度、分子的动量、分子的动能)
11. (1) 沿空间各方向运动的分子数目相等；
    (2) $\overline{v_x^2} = \overline{v_y^2} = \overline{v_z^2}$
12. 速率区间 $0 \sim V_P$ 的分子数占总分子数的百分率；

$$\overline{V}=\frac{\int_{V_P}^{\infty} vf(v)\mathrm{d}v}{\int_{V_P}^{\infty} f(v)\mathrm{d}v}$$

13. 系统的一个平衡态；　　系统经历的一个准静态过程

14. $\frac{A}{R}$；　　$\frac{7}{2}A$

(三) 计算题

1. 解：设管内总分子数为 N。

由 $P=nkT=NkT/V$

(1) $N=PV/(kT)=1.61\times10^{12}$ 个

(2) 分子的平均平动动能的总和 $=\frac{3}{2}NkT=10^{-8}\mathrm{J}$

(3) 分子的平均转动动能的总和 $=\frac{2}{2}NkT=0.667\times10^{-8}\mathrm{J}$

(4) 分子的平均动能的总和 $=\frac{5}{2}NkT=1.67\times10^{-8}\mathrm{J}$

2. 解：$C_P=\frac{i+2}{2}R=\frac{i}{2}R+R$，

所以，$i=\frac{2(C_P-R)}{R}=2\left(\frac{C_P}{R}-1\right)=5$，

可见是双原子分子，只有两个转动自由度，

$$\overline{\varepsilon_r}=2kT/2=kT=3.77\times10^{-21}\mathrm{J}。$$

3. 解：混合气体的定容摩尔热容为

$$C_V=\frac{Q}{v\Delta T}=\frac{Q_1+Q_2}{(v_1+v_2)\Delta T}$$

$$=\frac{v_1C_{v1}\Delta T+v_2C_{v2}\Delta T}{(v_1+v_2)\Delta T}$$

$$=\frac{v_1C_{v1}+v_2C_{v2}}{v_1+v_2} \qquad (1)$$

同理可得混合气体的定压摩尔热容为

$$C_P=\frac{v_1C_{P1}+v_2C_{P2}}{v_1+v_2} \qquad (2)$$

已知 $v_1=2\mathrm{mol}$，$v_2=3\mathrm{mol}$

$$C_{V1}=\frac{3}{2}R，C_{V2}=\frac{5}{2}R，C_{P1}=\frac{5}{2}R，C_{P2}=\frac{7}{2}R，$$

代入(1) 和(2) 式得

$C_V = 2.1R$

$C_P = 3.1R$

$\gamma = \dfrac{C_P}{C_V} = 1.476$

4. 解：(1) 据 $\bar{\lambda} = \dfrac{kT}{\sqrt{2}\pi d^2 p}$ 得

$\dfrac{d_{\mathrm{Ne}}}{d_{\mathrm{Ar}}} = \sqrt{\dfrac{\bar{\lambda}_{\mathrm{Ar}}}{\bar{\lambda}_{\mathrm{Ne}}}} = 0.71$

(2) $\overline{\lambda'}_{\mathrm{Ar}} = \dfrac{\bar{\lambda}_{\mathrm{Ar}} p_1 T_2}{p_2 T_1} = \dfrac{\bar{\lambda}_{\mathrm{Ar}} p_1 (t_2 + 273)}{p_2 + 273} = 3.5 \times 10^{-7}\,\mathrm{m}$

第9章　热力学基础

一、基本要求

(1)理解准静态过程、内能、功和热量的概念。

(2)掌握热力学第一定律，能计算理想气体在几种典型的热力学过程中的功、热量和内能的改变，能计算摩尔热容。

(3)理解循环过程中的能量转化关系，能计算卡诺循环和其他简单循环过程的效率和制冷系数。

(4)了解可逆循环和不可逆循环，了解热力学第二定律。

二、内容提要

热力学基础是以观察和实验为基础，从能量的观点出发，研究理想气体状态变化过程中，热功转换、热量传递、内能变化等热力学过程中的有关物理量的相互关系以及过程进行方向的理论，是宏观理论。

热力学基础主要是在实践基础上总结出来的两条基本定律，即热力学第一定律和热力学第二定律。热力学第一定律是能量守恒定律在热现象中的体现，它否定了制造第一类永动机的可能性。热力学第二定律给出了热现象过程进行的方向，它否定了制造第二类永动机的可能性。

本章以理想气体为热力学系统，首先讨论了热力学功的特点，给出了热量的本质。然后引入了热力学第一定律，并将热力学第一定律应用到理想气体的几种热力学过程中去，分析了做的功、传递的热量和内能的变化等。对于循环过程引入了热机的效率和制冷系数，来衡量热功转换的效率。最后介绍了热力学第二定律的两种表述方式及其本质。

三、解题指导与例题

例1　一定量的氢气在保持压强为 4.0×10^5 Pa 不变的情况下，温度由

0.0℃升高到50.0℃时，吸收了6.0×10^4J的热量。求：(1)氢气的量是多少摩尔；(2)氢气的内能变化多少；(3)氢气对外做了多少功；(4)如果这些氢气的体积保持不变而温度发生同样变化，它该吸收多少热量。

解：(1) 由 $Q=vC_{p,m}\Delta T=v\dfrac{i+2}{2}R\Delta T$ 得

$$v=\frac{2Q}{(i+2)R\Delta T}=\frac{2\times6.0\times10^4}{(5+2)\times8.31\times50}=41.3\text{mol}$$

(2) $\Delta E=vC_{V,m}\Delta T=v\dfrac{i}{2}R\Delta T=41.3\times\dfrac{5\times8.31\times50}{2}=4.29\times10^4\text{J}$

(3) 根据热力学第一定律有 $A=Q-\Delta E=(6.0-4.29)\times10^4=1.71\times10^4\text{J}$

(4) 同样根据热力学第一定律有 $Q=\Delta E=4.29\times10^4\text{J}$

例2　如例2图所示，该循环的工质为$v$mol的理想气体，其$C_{V,m}$和γ均已知且为常数。已知a点的温度为T_1，体积为V_1，b点的体积为V_2，ca为绝热过程。求c点的温度和循环效率。

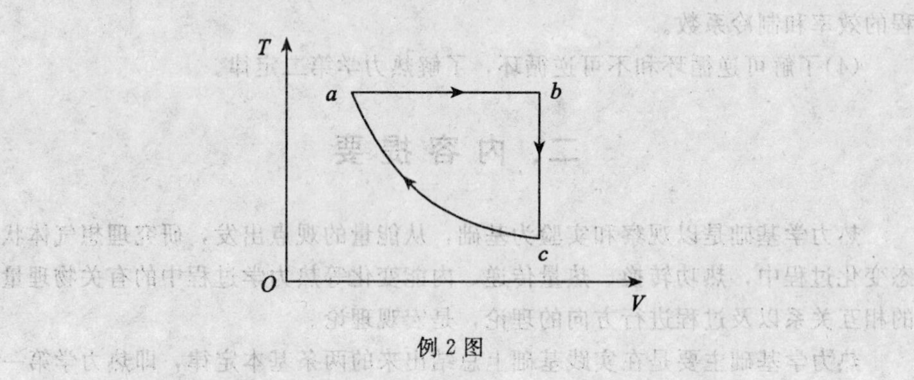

例2图

解：(1)ca为绝热过程，由绝热过程方程可得

$$T_c=T_a\left(\frac{V_a}{V_c}\right)^{\gamma-1}=T_1\left(\frac{V_1}{V_2}\right)^{\gamma-1}$$

(2)ab过程为等温过程，工质吸热等于其对外界做的功

$$Q_1=\int_{V_1}^{V_2}p\text{d}V=\int_{V_1}^{V_2}\frac{vRT_1}{V}\text{d}V=vRT_1\ln\frac{V_2}{V_1}$$

bc过程为等容过程，工质放热等于其内能的减少

$$Q_2=vC_{V,m}(T_b-T_c)=vC_{V,m}\left[T_1-T_1\left(\frac{V_1}{V_2}\right)^{\gamma-1}\right]$$

循环过程的效率为

$$\eta=1-\frac{Q_2}{Q_1}=1-\frac{C_{V,m}}{R}\frac{1-\left(\frac{V_1}{V_2}\right)^{\gamma-1}}{\ln\frac{V_2}{V_1}}$$

例3　一定量的理想气体经过下列准静态过程：(1) 绝热压缩，由 $A(V_1,T_1)$ 到 $B(V_2,T_2)$；(2) 等容吸热，由 $B(V_2,T_2)$ 到 $C(V_2,T_3)$；(3) 绝热膨胀，由 $C(V_2,T_3)$ 到 $D(V_1,T_4)$；(4) 等容放热由 $D(V_1,T_4)$ 到 $A(V_1,T_1)$。试求这个循环的效率。

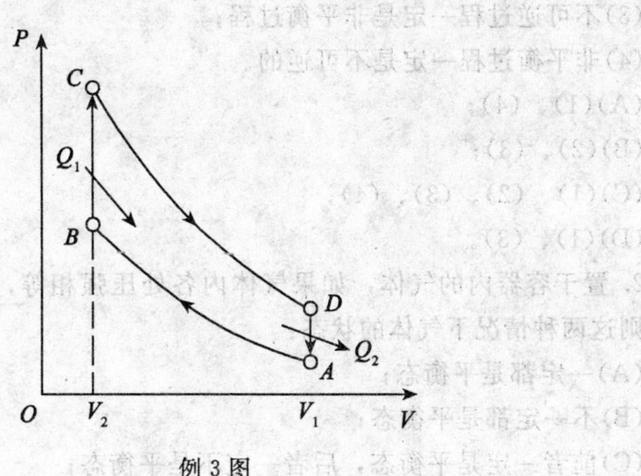

例3图

解：循环过程如例3图所示。吸热和放热只在两个等容过程中进行，所以

$$Q_1=\nu C_V(T_3-T_2)\text{；}Q_2=\nu C_V(T_4-T_1)$$

根据效率的定义即得 $\eta=1-\frac{Q_2}{Q_1}=1-\frac{T_4-T_1}{T_3-T_2}$

又因绝热过程的过程方程为 $T_1V_1^{\gamma-1}=T_2V_2^{\gamma-1}$，$T_3V_2^{\gamma-1}=T_4V_1^{\gamma-1}$，由此可得

$$\frac{T_2}{T_1}=\frac{T_3}{T_4}=\frac{T_3-T_2}{T_4-T_1}=\left(\frac{V_1}{V_2}\right)^{\gamma-1}$$

因此
$$\eta=1-\frac{Q_2}{Q_1}=1-\left(\frac{V_1}{V_2}\right)^{1-\gamma}$$

其中 $\frac{V_1}{V_2}$ 称为绝热压缩比，由此可见效率完全由绝热压缩比决定。本题所讨论的循环过程称为奥托循环，或称为定容加热循环，它是四冲程汽油机中的工作循环。

四、自 测 题

(一)选择题

1. 在下列说法中，正确的是：

(1)可逆过程一定是平衡过程；

(2)平衡过程一定是可逆的；

(3)不可逆过程一定是非平衡过程；

(4)非平衡过程一定是不可逆的。

(A)(1)、(4)；

(B)(2)、(3)；

(C)(1)、(2)、(3)、(4)；

(D)(1)、(3)。 [ ]

2. 置于容器内的气体，如果气体内各处压强相等，或气体内各处温度相同，则这两种情况下气体的状态：

(A)一定都是平衡态；

(B)不一定都是平衡态；

(C)前者一定是平衡态，后者一定不是平衡态；

(D)后者一定是平衡态，前者一定不是平衡态。 [ ]

3. 一定量的理想气体，从 a 态出发经过 ① 或 ② 过程到达 b 态，acb 为等温线(如选择题 3 图所示)，则(1)、(2) 两过程中外界对系统传递的热量 Q_1，Q_2 是：

(A)$Q_1>0$，$Q_2>0$； (B)$Q_1<0$，$Q_2<0$；

(C)$Q_1>0$，$Q_2<0$； (D)$Q_1<0$，$Q_2>0$。 [ ]

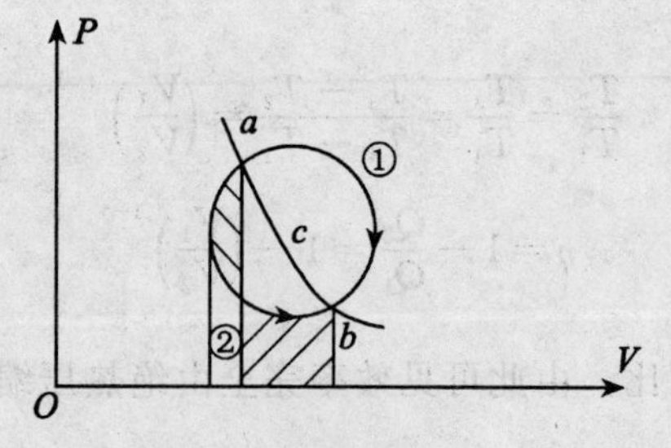

选择题 3 图

4. 一定量的理想气体，分别进行如选择题 4 图所示的两个卡诺循环 $abcda$ 和 $a'b'c'd'a'$。若在 PV 图上这两个循环曲线所围面积相等，则可以由此得知这两个循环：

(A) 效率相等；

(B) 由高温热源处吸收的热量相等；

(C) 在低温热源处放出的热量相等；

(D) 在每次循环中对外做的净功相等。　　［　　］

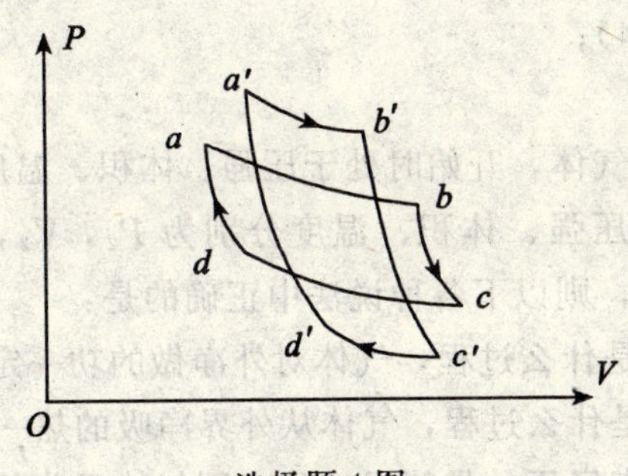

选择题 4 图

5. 如选择题 5 图所示，所列四图分别表示某人设想的理想气体的四个循环过程。请选出其中一个在物理上可能实现的循环过程的图的标号。　　［　　］

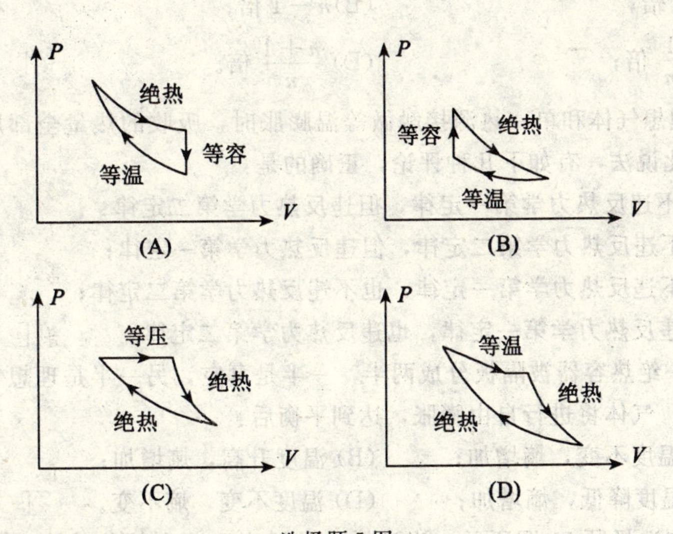

选择题 5 图

6. 设有下列过程：

(1) 用活塞缓慢地压缩绝热容器中的理想气体(设活塞与器壁无摩擦)；

(2) 用缓慢旋转的叶片使绝热容器中的水温上升；

(3) 冰溶解为水；

(4) 一个不受空气阻力及其他摩擦力作用的单摆的摆动。

其中是可逆过程的为：

(A)(1)、(2)、(4)；

(B)(1)、(2)、(3)；

(C)(1)、(3)、(4)；

(D)(1)、(4)。 [ ]

7. 一定量的理想气体，开始时处于压强、体积、温度分别为 P_1，V_1，T_1 的平衡态，后来变到压强、体积、温度分别为 P_2，V_2，T_2 的终态。若已知 $V_2 > V_1$，且 $T_2 = T_1$，则以下各种说法中正确的是：

(A) 不论经历的是什么过程，气体对外净做的功一定为正值；

(B) 不论经历的是什么过程，气体从外界净吸的热一定为正值；

(C) 若气体从始态经历的是等温过程，则气体吸收的热量最少；

(D) 如果不给定气体所经历的什么过程，则气体在过程中对外净做功和从外界净吸热的正负皆无法判断。 [ ]

8. 设高温热源的热力学温度是低温热源的热力学温度的 n 倍，则理想气体在一卡诺循环中，传给低温热源的热量是从高温热源吸取的热量的：

(A) n 倍； (B) $n-1$ 倍；

(C) $\frac{1}{n}$ 倍； (D) $\frac{n+1}{n}$ 倍。 [ ]

9.“理想气体和单一热源接触做等温膨胀时，吸收的热量全部用来对外做功。”对此说法，有如下几种评论，正确的是：

(A) 不违反热力学第一定律，但违反热力学第二定律；

(B) 不违反热力学第二定律，但违反热力学第一定律；

(C) 不违反热力学第一定律，也不违反热力学第二定律；

(D) 违反热力学第一定律，也违反热力学第二定律。 [ ]

10. 一绝热容器被隔板分成两半，一半是真空，另一半是理想气体。若把隔板抽出，气体将进行自由膨胀，达到平衡后：

(A) 温度不变，熵增加； (B) 温度升高，熵增加；

(C) 温度降低，熵增加； (D) 温度不变，熵不变。 [ ]

11. 如选择题 11 图所示，当汽缸中的活塞迅速向外移动从而使气体膨胀时，气体所经历的过程：

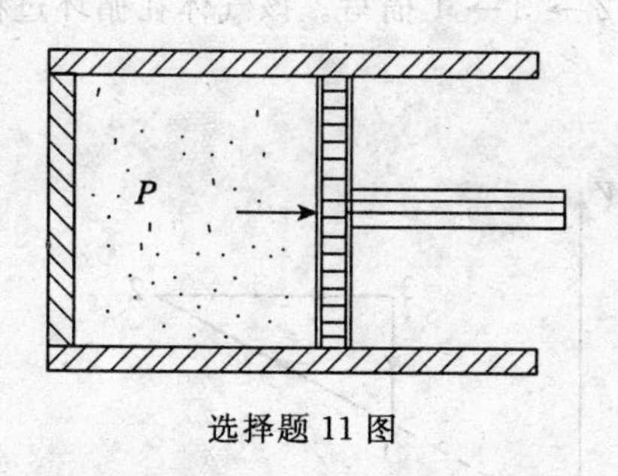

选择题 11 图

(A) 是平衡过程，它能用 P-V 图上的一条曲线表示；

(B) 不是平衡过程，但它能用 P-V 图上的一条曲线表示；

(C) 不是平衡过程，它不能用 P-V 图上的一条曲线表示；

(D) 是平衡过程，但它不能用 P-V 图上的一条曲线表示。 [ ]

12. 关于可逆过程和不可逆过程的判断：

(1) 可逆热力学过程一定是准静态过程；

(2) 准静态过程一定是可逆过程；

(3) 不可逆过程就是不能向相反方向进行的过程；

(4) 凡有摩擦的过程，一定是不可逆过程。

以上四种判断，其中正确的是：

(A)(1)、(2)、(3)；

(B)(1)、(2)、(4)；

(C)(2)、(4)；

(D)(1)、(4)。 [ ]

13. 两个完全相同的汽缸内盛有同类气体，设其初始状态相同，今使它们分别做绝热压缩至相同的体积，其中汽缸 1 内的压缩过程是非准静态过程，而汽缸 2 内的压缩过程则是准静态过程，比较这两种情况的温度变化：

(A) 汽缸 1 和 2 内气体的温度变化相同；

(B) 汽缸 1 内的气体较汽缸 2 内的气体的温度变化大；

(C) 汽缸 1 内的气体较汽缸 2 内的气体的温度变化小；

(D) 汽缸 1 和 2 内气体的温度无变化。 [ ]

14. 对于室温下的双原子分子理想气体，在等压膨胀的情况下，系统对外所做的功与从外界吸收的热量之比 A/Q 等于

(A)1/3；　　　　(B)1/4；

(C)2/5；　　　　(D)2/7。 [ ]

15. 如选择题15图所示，一定质量的理想气体完成一循环过程，此过程在

V-T 图中用图线 $1\to2\to3\to1$ 描写。该气体在循环过程中吸热、放热的情况是：

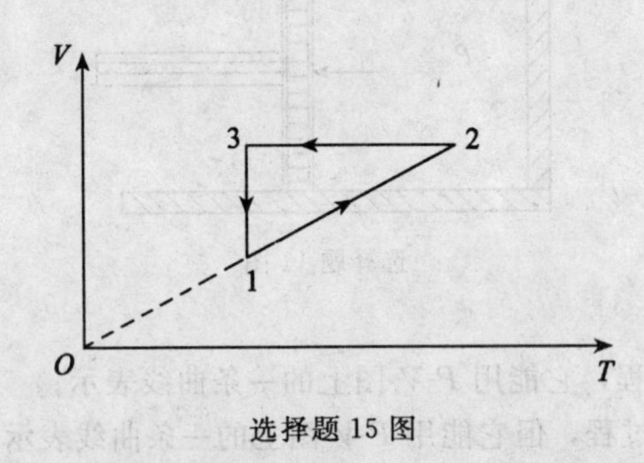

选择题 15 图

(A) 在 $1\to2$，$3\to1$ 过程吸热，在 $2\to3$ 过程放热；

(B) 在 $2\to3$ 过程吸热，在 $1\to2$，$3\to1$ 过程放热；

(C) 在 $1\to2$ 过程吸热，在 $2\to3$，$3\to1$ 过程放热；

(D) 在 $2\to3$，$3\to1$ 过程吸热，在 $1\to2$ 过程放热。　　[　]

16. 在下列各种说法中，正确的是：

(1) 热平衡过程就是无摩擦的、平衡力作用的过程；

(2) 热平衡过程一定是可逆过程；

(3) 热平衡过程是无限多个连续变化的平衡态的连接；

(4) 热平衡过程在 P-V 图上可用一连续曲线表示。

(A)(1)、(2)；

(B)(3)、(4)；

(C)(2)、(3)、(4)；

(D)(1)、(2)、(3)、(4)。　　[　]

17. 气体在状态变化过程中，可以保持体积不变或保持压强不变，这两种过程：

(A) 一定都是平衡过程；

(B) 不一定是平衡过程；

(C) 前者是平衡过程，后者不是平衡过程；

(D) 后者是平衡过程，前者不是平衡过程。　　[　]

18. 如选择题18图所示，一绝热密闭的容器，用隔板分成相等的两部分，左边盛有一定量的理想气体，压强为 P_0，右边为真空。今将隔板抽去，气体自由膨胀，当气体达到平衡时，气体的压强是：

(A) P_0；　　(B) $\frac{P_0}{2}$；

(C)$2^r P_0$； (D) 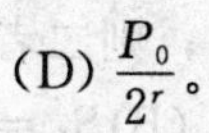 $\dfrac{P_0}{2^r}$。 [ ]

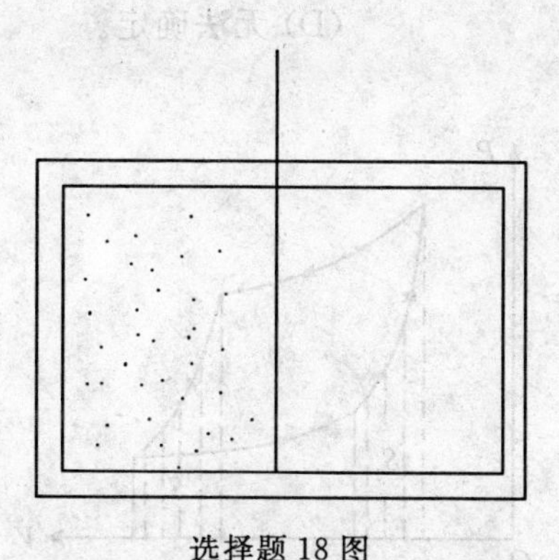

选择题 18 图

19. 一定量的理想气体分别由初态 a 经 ① 过程 ab 和由初态 a' 经 ② 过程 $a'cb$ 到达相同的终态 b，如选择题 19 图的 P-T 图所示，则两个过程中气体从外界吸收的热量 Q_1，Q_2 的关系为：

(A)$Q_1 < 0$，$Q_1 > Q_2$； (B)$Q_1 > 0$，$Q_1 > Q_2$；

(C)$Q_1 < 0$，$Q_1 < Q_2$； (D)$Q_1 > 0$，$Q_1 < Q_2$。  [ ]

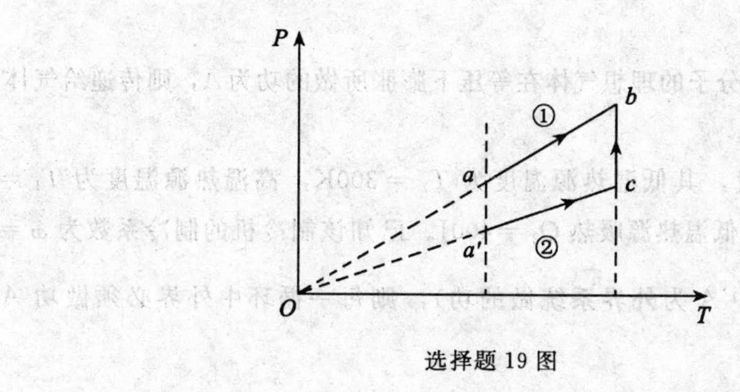

选择题 19 图

20. 一定量某理想气体所经历的循环过程是：从初态(V_0，T_0)开始，先经绝热膨胀使其体积增大 1 倍，再经等容升温回复到初态温度 T_0，最后经等温过程使体积回复为 V_0，则气体在此循环过程中：

(A) 对外做的净功为正值； (B) 对外做的净功为负值；

(C) 内能增加了； (D) 从外界净吸的热量为正值。

[ ]

21. 如选择题 21 图所示，理想气体卡诺循环过程的两条绝热线下的面积大小(图中阴影部分)分别为 S_1 和 S_2，则二者的大小关系是：

(A)$S_1 > S_2$；　　　　(B)$S_1 = S_2$；

(C)$S_1 < S_2$；　　　　(D) 无法确定。　　　　[　　]

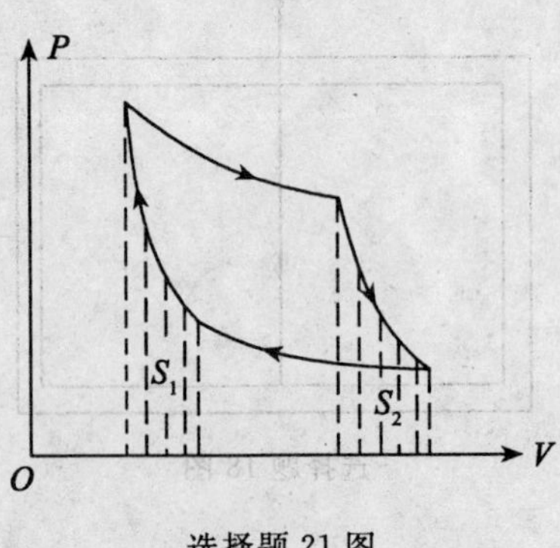

选择题 21 图

(二) 填空题

1. 设在某一过程 P 中，系统由状态 A 变为状态 B，如果__________，则过程 P 称为可逆过程；如果______________，则过程 P 称为不可逆过程。

2. 刚性双原子分子的理想气体在等压下膨胀所做的功为 A，则传递给气体的热量为________。

3. 卡诺制冷机，其低温热源温度为 $T_2 = 300\text{K}$，高温热源温度为 $T_1 = 450\text{K}$，每一循环从低温热源吸热 $Q_2 = 400\text{J}$。已知该制冷机的制冷系数为 $\omega = \dfrac{Q_2}{A} = \dfrac{T_2}{T_1 - T_2}$(式中 A 为外界系统做的功)，则每一循环中外界必须做功 A ________。

4. 从统计的意义来解释：不可逆过程实质上是一个____________转变过程。一切实际过程都向着______________的方向进行。

5. 如填空题 5 图所示，已知图中画出不同斜线的两部分的面积分别为 S_1 和 S_2，那么：

(1) 如果气体的膨胀过程为 a—1—b，则气体对外做功 $A =$________；

(2) 如果气体进行 a—2—b—1—a 的循环过程，则它对外做功 $A =$________。

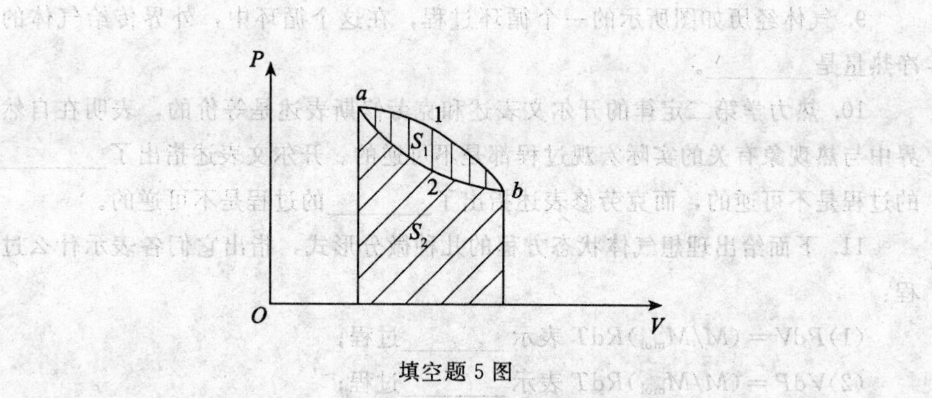

填空题 5 图

6. 填空题6图所示为一理想气体几种状态变化过程的 P-V 图，其中 MT 为等温线，MQ 为绝热线，在 AM，BM，CM 三种准静态过程中：

(1) 温度升高的是________过程；

(2) 气体吸热的是________过程。

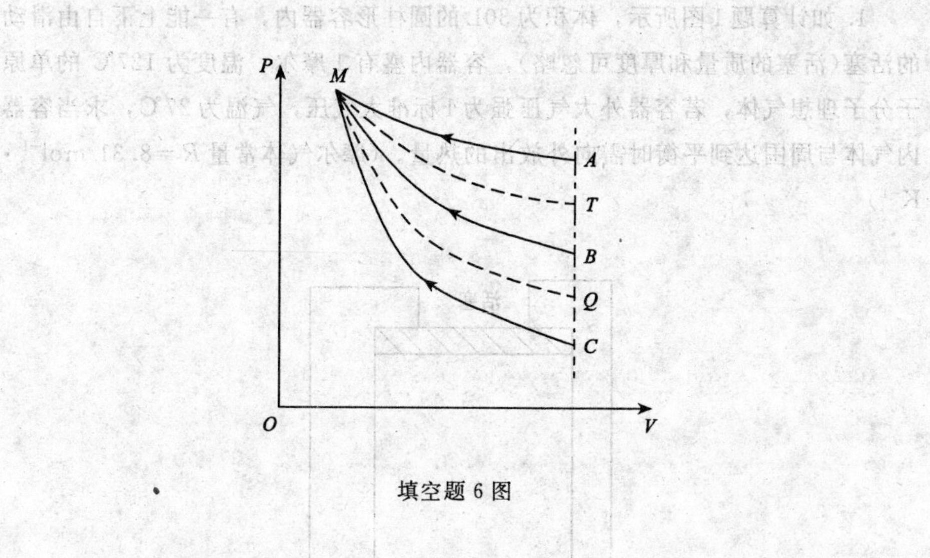

填空题 6 图

7. 已知 1mol 的某种理想气体(可视为刚性分子)，在等压过程中温度上升1K，内能增加了 20.78J，则气体对外做功为____________，气体吸收热量为____________。

8. 3mol 的理想气体开始时处在压强 $P_1=6\text{atm}$、温度 $T_1=500\text{K}$ 的平衡态，经过一个等温过程，压强变为 $P_2=3\text{atm}$。该气体在此等温过程中吸收的热量为 $Q=$________。(摩尔气体常量 $R=8.31\text{J}\cdot\text{mol}^{-1}\cdot\text{K}^{-1}$)

9. 气体经历如图所示的一个循环过程，在这个循环中，外界传给气体的净热量是________。

10. 热力学第二定律的开尔文表述和克劳修斯表述是等价的，表明在自然界中与热现象有关的实际宏观过程都是不可逆的。开尔文表述指出了________的过程是不可逆的，而克劳修表述指出了________的过程是不可逆的。

11. 下面给出理想气体状态方程的几种微分形式，指出它们各表示什么过程：

(1)$PdV=(M/M_{mol})RdT$ 表示________过程；

(2)$VdP=(M/M_{mol})RdT$ 表示________过程；

(3)$PdV+VdP=0$ 表示________过程。

12. 热力学第二定律的克劳修斯表述是：________________________；开尔文表述是____。

(三) 计算题

1. 如计算题1图所示，体积为30L的圆柱形容器内，有一能上下自由滑动的活塞(活塞的质量和厚度可忽略)，容器内盛有1摩尔、温度为127℃ 的单原子分子理想气体，若容器外大气压强为1标准大气压，气温为27℃，求当容器内气体与周围达到平衡时需向外放出的热量。(摩尔气体常量 $R=8.31\ \mathrm{mol^{-1}\cdot K^{-1}}$)

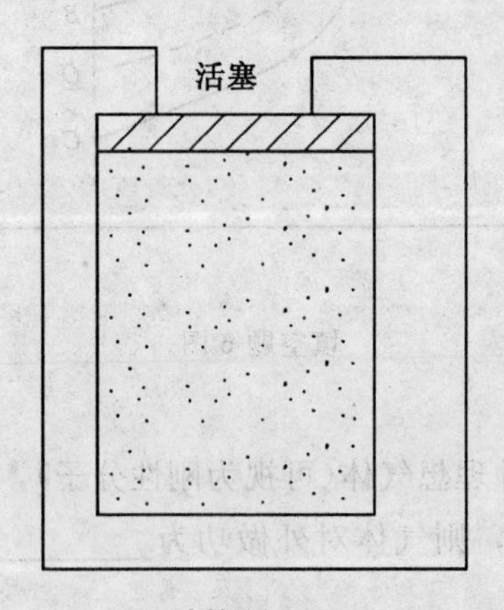

计算题1图

2. 1mol单原子分子理想气体的循环过程如计算题2图所示，其中 c 点的温

度为 $T_c=600\text{K}$。试求：

(1)ab，bc，ca 各个过程系统吸收的热量；

(2) 经一循环系统所做的净功；

(3) 循环的效率。

（注：循环效率 $\eta=A/Q_1$，A 为循环过程系统对外做的净功，Q_1 为循环过程系统从外界吸引的热量，$\ln2=0.693$）

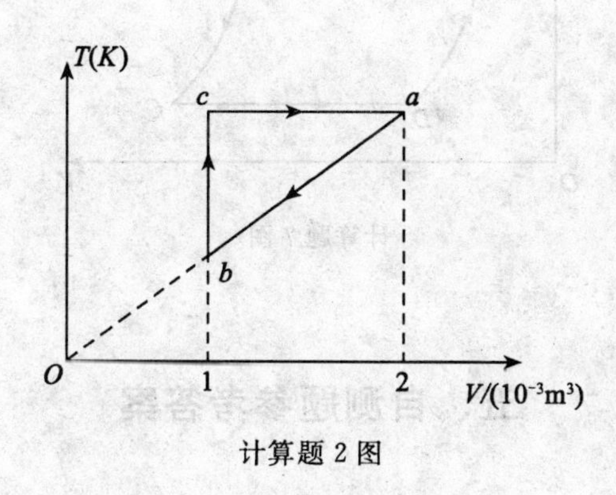

计算题 2 图

3. 一定量的刚性双原子分子的理想气体，处于压强 $P_1=10\text{atm}$、温度 $T_1=500\text{K}$ 的平衡态，后经历一绝热过程达到压强 $P_2=5\text{atm}$、温度为 T_2 的平衡态，求 T_2。

4. 有 1mol 刚性多原子分子的理想气体，原来的压强为 1.0atm，温度为 27℃，若经过一绝热过程，使其压强增加到 16atm，试求：

(1) 气体内能的增量；

(2) 在该过程中气体所做的功；

(3) 终态时，气体的分子数密度。

($1\text{atm}=1.013\times10^5\text{Pa}$，玻耳兹曼常量 $k=1.38\times10^{-23}\text{J}\cdot\text{K}^{-1}$，摩尔气体常量 $R=8.31\text{J}\cdot\text{mol}^{-1}\cdot\text{K}^{-1}$)

5. 理想气体做卡诺循环，高温热源的热力学温度是低温热源的热力学温度的 n 倍，求气体在一个循环中将由高温热源所得热量的多大部分交给了低温热源。

6. 以氢（视为刚性分子的理想气体）为工作物质进行卡诺循环，如果在绝热膨胀时末态的压强 P_2 是初态压强 P_1 的一半，求循环的效率。

7. 一定量的理想气体经历如计算题 7 图所示的循环过程，$A\rightarrow B$ 和 $C\rightarrow D$ 是等压过程，$B\rightarrow C$ 和 $D\rightarrow A$ 是绝热过程。已知 $T_C=300\text{K}$，$T_B=400\text{K}$，求

此循环的效率。(提示：循环效率的定义式 $\eta=1-Q_2/Q_1$，Q_1 为循环中气体吸收的热量，Q_2 为循环中气体放出的热量)

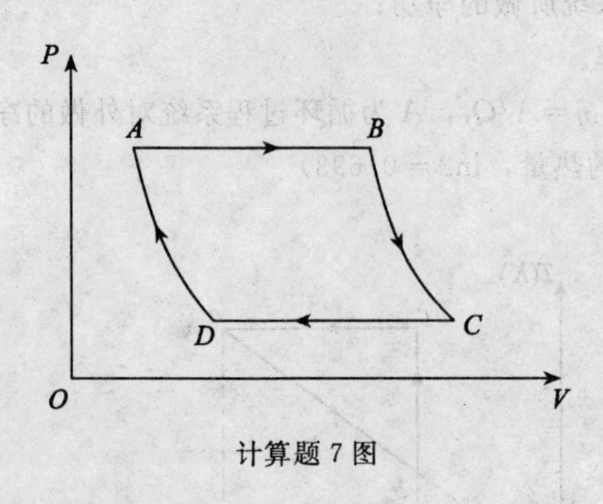

计算题 7 图

五、自测题参考答案

(一)选择题

1. (A)；2. (B)；3. (A)；4. (D)；5. (B)；6. (D)；7. (D)；8. (C)；9. (C)；10. (A)；11. (C)；12(D)；13. (B)；14. (D)；15. (C)；16. (B)；17. (B)；18. (B)；19. (B)；20. (B)；21. (B)

(二) 填空题

1.　能使系统进行逆向变化，从状态 B 回复到初态 A，而且系统回复到状态 A 时，周围一切也都回复原状；

系统不能回复到状态 A，或当系统回复到状态 A 时，周围并不能回复原状

2.　$\frac{7}{2}A$

3.　200J

4.　从几率较小的状态到几率较大的状态；

状态的几率增大(或熵值增加)

5.　(1)S_1+S_2；　(2)$-S_1$

6.　(1)BM；　(2)CM

7.　8.31J；　29.09J

8.　8.64×10^3J

9.　90J

10. 功变热；　　热传导

11. (1) 等压；　　(2) 等容；　(3) 等温

12. 热量不能自动地从低温物体传向高温物体；

不可能制成一种循环动作的热机，只从单一热源吸热完全变为有用功，而其他物体不发生任何变化

(三) 计算题

1. 解：开始时气体

$$V_1 = 30 \times 10^{-3}\,\mathrm{m}^3$$
$$T_1 = 127 + 273 = 400\mathrm{K}$$
$$P_1 = RT_1/V_1 = 1.108 \times 10^5\,\mathrm{Pa}$$
$$\text{大气压 } P_n = 1.013 \times 10^5\,\mathrm{Pa}$$

所以 $P_1 > P_n$

可见，气体的降温过程分为两个阶段：第一个阶段等容降温，直至气体压强 $P_2 = P_n$，此时温度为 T_2，放热 Q_1；第二个阶段等压降温，直至温度 $T_3 = T_n = 27 + 273 = 300\mathrm{K}$，放热 Q_2。

(1) $Q_1 = C_V(T_1 - T_2) = \frac{3}{2}R(T_1 - T_2)$

$T_2 = (P_2/P_1)T_1 = 365.7\mathrm{K}$

所以，$Q_1 = 428\mathrm{J}$

(2) $Q_2 = C_P(T_2 - T_1)$

$= \frac{5}{2}R(T_2 - T_3) = 1365\mathrm{J}$

所以总计放热 $Q = Q_1 + Q_2 = 1.79 \times 10^3\,\mathrm{J}$

2. 解：单原子分子的自由度 $i = 3$，ab 是等压过程，

$V_a/T_a = V_b/T_b$，$T_a = T_c = 600\mathrm{K}$

$T_b = (V_b/V_a)T_a = 300\mathrm{K}$

(1) $Q_{ab} = C_P(T_b - T_c)$

$= \left(\frac{i}{2} + 1\right)R(T_b - T_c) = -6232.5\mathrm{J}$　　(放热)

$Q_{bc} = C_V(T_c - T_b)$

$= \frac{i}{2}R(T_c - T_b) = 3739.5\mathrm{J}$　　(吸热)

$Q_{ca} = RT_c\ln(V_a/V_c) = 3456\mathrm{J}$　　(吸热)

(2) $A = (Q_{bc} + Q_{ca}) - |Q_{ab}| = 963\mathrm{J}$

(3) $\eta=\dfrac{A}{Q_1}=13.4\%$

3. 解：根据绝热过程方程：$P^{1-r}T^r=$常数

可得 $$T_2=T_1(P_1/P_2)^{(1-r)/r}$$

刚性双原子分子 $\gamma=1.4$，代入上式并代入题给数据，得

$$T_2=410\mathrm{K}$$

4. 解：(1) 因为刚性多原子分子 $i=6$，　$\gamma=\dfrac{i+2}{i}=\dfrac{4}{3}$

所以 $T_2=T_1(P_2/P_1)^{r-1/r}=600\mathrm{K}$

$\Delta E=(M/M_{\mathrm{mol}})\dfrac{1}{2}iR(T_2-T_1)$

$\quad=7479\mathrm{J}$

(2) $A=-\Delta E=-7479\mathrm{J}$

(因为 $Q=0$，负号表示外界对气体做功)

(3) 因为 $P_2=nkT_2$

所以，$n=P_2/(kT_2)$

$\quad=1.96\times10^{26}$ 个 $/\mathrm{m}^3$

5. 解：理想气体卡诺循环的效率

$$\eta=\frac{T_1-T_2}{T_1}$$

因为 $$T_1=nT_2$$

所以 $$\eta=1-\frac{1}{n}$$

又据 $$n=1-\frac{Q_2}{Q_1}=1-\frac{1}{n}$$

得 $$\frac{Q_2}{Q_1}=\frac{1}{n}$$

6. 解：根据卡诺循环的效率

$$\eta=1-\frac{T_2}{T_1}$$

由绝热方程：

$$\frac{P_1^{\gamma-1}}{T_1^{\gamma}}=\frac{P_2^{\gamma-1}}{T_2^{\gamma}}$$

得 $$\frac{T_2}{T_1}=\left(\frac{P_2}{P_1}\right)^{1-\frac{1}{\gamma}}$$

氢为双原子分子，$\gamma=1.40$

$$\frac{T_2}{T_1}=0.82$$

$$\eta=1-\frac{T_2}{T_1}=18\%$$

7. 解：由于 $\eta=1-\dfrac{Q_2}{Q_1}$

$$Q_1=\nu C_P(T_B-T_A)$$

$$Q_2=\nu C_P(T_C-T_D)$$

$$\frac{Q_2}{Q_1}=\frac{T_C-T_D}{T_B-T_A}=\frac{T_C(1-T_D/T_A)}{T_B(1-T_A/T_B)}$$

根据绝热过程方程得到：

$$P_A{}^{\gamma-1}T_A{}^{-\gamma}=P_D{}^{\gamma-1}T_D{}^{-\gamma}$$

$$P_B{}^{\gamma-1}T_B{}^{-\gamma}=P_C{}^{\gamma-1}T_C{}^{-\gamma}$$

因为
$$P_A=P_B,\ P_C=P_D$$

所以
$$\frac{T_A}{T_B}=\frac{T_D}{T_C}$$

故
$$\eta=1-\frac{Q_2}{Q_1}=1-\frac{T_C}{T_B}=25\%$$

第10章　机械振动

一、基本要求

(1)掌握简谐振动的基本特征，能建立一维简谐振动的微分方程，能根据给定的初始条件写出一维简谐振动的运动方程，并理解其物理意义。

(2)掌握描述简谐振动的各物理量(特别是相位)及各量间的关系。

(3)理解旋转矢量法。

(4)能计算简谐振动的能量。

(5)理解同方向、同频率的两个简谐振动的合成规律。

二、内容提要

1. 振动

(1)机械振动：在弹性媒质中，物体在其平衡位置附近做来回往复的运动，称为机械振动。

(2)简谐振动：一个做往复运动的物体，如果在其平衡位置附近的位移按余弦函数(或正弦函数)的规律随时间变化，则这种运动称为简谐振动。

2. 简谐振动的特征

(1)简谐振动的动力学特征：

$$F=-kx \text{ 或} \frac{\mathrm{d}^2 x}{\mathrm{d}t^2}+\omega^2 x=0$$

(2) 简谐振动的运动学特征：

$$x=A\cos(\omega t+\varphi)$$

振动速度为：

$$v=-A\omega\sin(\omega t+\varphi)$$

振动加速度为：

$$a=-A\omega^2\cos(\omega t+\varphi)$$

3. 简谐振动的特征量

(1) 振幅：

$$A=\sqrt{x_0+\frac{v_0{}^2}{\omega^2}}$$

(2) 周期 T、频率 ν、角频率 ω：

$$\omega=\frac{2\pi}{T}=2\pi\nu$$

(3) 相位 $(\omega t+\varphi)$ 及初相位 φ：

$$\varphi=\arctan\left(-\frac{v_0}{\omega x_0}\right)$$

4. 简谐振动的旋转矢量法

将简谐振动与一旋转矢量对应，使矢量做逆时针匀速转动，其长度等于简谐振动的振幅 A，其角速度等于简谐振动的角频率 ω，且 $t=0$ 时，它与参考坐标轴的夹角为简谐振动的初相位 φ，t 时刻它与参考坐标轴的夹角为简谐振动的相位 $(\omega t+\varphi)$，则旋转矢量 A 的末端在参考坐标轴上的投影点的运动就是简谐振动。

5. 简谐振动的能量

动能：$E_k=\frac{1}{2}mv^2=\frac{1}{2}mA^2\omega^2\sin^2(\omega t+\varphi)$

势能：$E_p=\frac{1}{2}kx^2=\frac{1}{2}kA^2\cos^2(\omega t+\varphi)$

机械能：$E=\frac{1}{2}mA^2\omega^2=\frac{1}{2}kA^2$

6. 简谐振动的合成

(1) 同方向、同频率的简谐振动的合成：

振幅：$A=\sqrt{A_1^2+A_2^2+2A_1A_2\cos(\varphi_2-\varphi_1)}$

初相位：$\varphi=\arctan\frac{A_1\sin\varphi_1+A_2\sin\varphi_2}{A_1\cos\varphi_1+A_2\cos\varphi_2}$

当两个简谐振动的初相差为 $\varphi_2-\varphi_1=2k\pi$，$k=0$，$\pm1$，$\pm2$，…时，合振动振幅最大，即

$$A=A_1+A_2$$

当两个简谐振动的初相差为 $\varphi_2-\varphi_1=(2k+1)\pi$，$k=0$，$\pm1$，$\pm2$，…时，合振动振幅最小，即

$$A=|A_1-A_2|$$

(2) 同方向、不同频率的简谐振动的合成：

两个振动频率差与它们的频率相比很小时，合成后产生拍的现象，拍频 ν' 等于两振动频率差，即

$$\nu' = |\nu_2 - \nu_1|$$

(3) 互相垂直的两个同频率简谐振动的合成：

合运动的轨迹通常为椭圆，其具体形状取决于两分振动的相位差和频率。

(4) 互相垂直的两个不同频率简谐振动的合成：

两个分振动的频率为简单整数比时，合振动轨迹为李萨如图形。

7. 阻尼振动

当振动系统受到各种阻尼作用时，系统的机械能将不断减少，振幅也随时间增加而不断减小。这种系统能量(或振幅)随时间增大而减小的振动称为阻尼振动。

8. 受迫振动

振动系统在周期性外力的持续作用下进行的振动称为受迫振动。这种周期性外力称为驱动力。稳态时，振动频率等于驱动力的频率。当驱动力的频率等于振动系统的固有频率时将发生共振现象。

三、解题指导与例题

例1 原长为0.5m的弹簧，上端固定，下端挂一质量为0.1kg的物体，当物体静止时，弹簧长为0.6m。现将物体上推，使弹簧缩回到原长，然后放手，以放手时开始计时，取竖直向下为正向，写出振动式。

解：振动方程：$x = A\cos(\omega t + \varphi)$，

在本题中，$kx = mg$，所以 $k = 10$；$\omega = \sqrt{\dfrac{k}{m}} = \sqrt{\dfrac{10}{0.1}} = 10$

振幅是物体离开平衡位置的最大距离，当弹簧升长为0.1m时为物体的平衡位置，以向下为正方向。所以，如果使弹簧的初状态为原长，那么，$A = 0.1$。

当 $t = 0$ 时，$x = -A$，那么就可以知道物体的初相位为 π。

所以，$x = 0.1\cos(10t + \pi)$。

例2 有一单摆，摆长 $l = 1.0$m，小球质量 $m = 10$g。$t = 0$ 时，小球正好经过 $\theta = -0.06$rad 处，并以角速度 $\theta = 0.2$rad/s 向平衡位置运动。设小球的运动可看做简谐振动，试求：

(1) 角频率、频率、周期；(2) 用余弦函数形式写出小球的振动式。

解：振动方程：$x = A\cos(\omega t + \varphi)$，我们只要按照题意找到对应的各项就行了。

(1) 角频率：$\omega=\sqrt{\frac{g}{l}}=\sqrt{10}$，

频率：$\nu=\frac{1}{2\pi}\sqrt{\frac{g}{l}}=\frac{\sqrt{10}}{2\pi}$，

周期：$T=2\pi\sqrt{\frac{l}{g}}=\frac{2\pi}{\sqrt{10}}$

(2) 根据初始条件：

$$\begin{cases}\cos\varphi_0=\frac{\theta}{A}\\ \sin\varphi_0=-\frac{\theta}{A\omega}\begin{cases}>0, & (1，2\text{象限})\\ <0, & (3，4\text{象限})\end{cases}\end{cases}$$

可解得：$A=0.088$，$\varphi=-2.32$

所以得到振动方程：$\theta=0.088\cos(\sqrt{10}\,t-2.32)$

例 3 一竖直悬挂的弹簧下端挂一物体，最初用手将物体在弹簧原长处托住，然后放手，此系统便上下振动起来，已知物体最低位置是初始位置下方 10.0cm 处，求：(1) 振动频率；(2) 物体在初始位置下方 8.0cm 处的速度大小。

解：(1) 由题知 $2A=10\text{cm}$，所以 $A=5\text{cm}$；

$$\frac{k}{m}=\frac{g}{\Delta x}=\frac{9.8}{5\times10^{-2}}=196$$

又 $$\omega=\sqrt{\frac{k}{m}}=\sqrt{196}=14，\text{即}$$

$$\nu=\frac{1}{2\pi}\sqrt{\frac{k}{m}}=\frac{7}{\pi}$$

(2) 物体在初始位置下方 8.0cm 处，对应着是 $x=4\text{cm}$ 的位置，所以，$\cos\varphi_0=\frac{x}{A}=\frac{4}{5}$

那么此时的 $\sin\varphi_0=-\frac{v}{A\omega}=\pm\frac{3}{5}$

那么速度的大小为 $v=\frac{3}{5}A\omega=0.42$

例 4 一质点沿 x 轴做简谐振动，振幅为 12cm，周期为 2s。当 $t=0$ 时，位移为 6cm，且向 x 轴正方向运动。求：(1) 振动表达式；(2) $t=0.5\text{s}$ 时，质点的位置、速度和加速度；(3) 如果在某时刻质点位于 $x=-6\text{cm}$，且向 x 轴负方向运动，求从该位置回到平衡位置所需要的时间。

解：(1) 由题已知 $A=12\times10^{-2}\,\text{m}$，$T=2.0\text{s}$

所以，$\omega=2\pi/T=\pi\mathrm{rad}\cdot\mathrm{s}^{-1}$

又，$t=0$ 时，$x_0=6\mathrm{cm}$，$v_0>0$，所以有 $\varphi_0=-\dfrac{\pi}{3}$

故振动方程为 $x=0.12\cos(\pi t-\dfrac{\pi}{3})$

(2) 将 $t=0.5\mathrm{s}$ 代入，得

$$x=0.12\cos(\pi t-\frac{\pi}{3})=0.12\cos\frac{\pi}{6}=0.103\mathrm{m}$$

$$v=-0.12\pi\sin(\pi t-\frac{\pi}{3})=0.12\cos\frac{\pi}{6}=-0.189\mathrm{m/s}$$

$$a=-0.12\pi^2\cos(\pi t-\frac{\pi}{3})=-0.12\pi^2\cos\frac{\pi}{6}=-1.03\mathrm{m/s^2}$$

方向指向坐标原点，即沿 x 轴负向。

(3) 由题知，某时刻质点位于 $x=-6\mathrm{cm}$，且向 x 轴负方向运动，

即 $x_0=-A/2$，且 $v<0$，故 $\varphi_t=2\pi/3$，它回到平衡位置需要走 $\pi/3$，所以，

$$t=\Delta\varphi/\omega=(\pi/3)/(\pi)=1/3\mathrm{s}$$

例 5　两质点做同方向、同频率的简谐振动，振幅相等。当质点 1 在 $x_1=A/2$ 处，且向左运动时，另一个质点 2 在 $x_2=-A/2$ 处，且向右运动。求这两个质点的位相差。

解：由旋转矢量图可知：

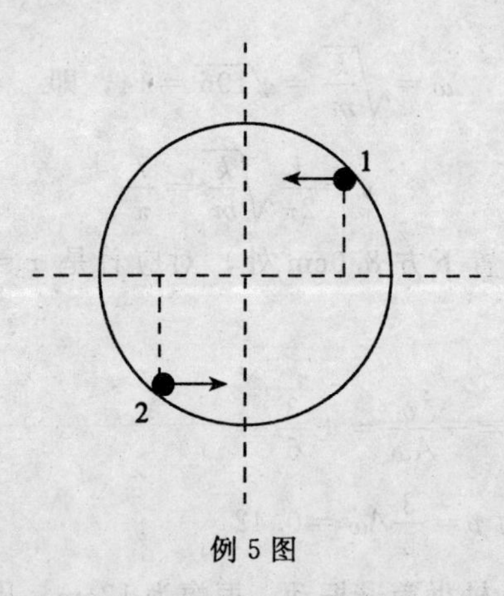

例 5 图

当质点 1 在 $x_1=A/2$ 处，且向左运动时，相位为 $\pi/3$，

而质点 2 在 $x_2=-A/2$ 处，且向右运动时，相位为 $4\pi/3$。

所以它们的相位差为 π。

四、自 测 题

(一)选择题

1. 对一个做简谐振动的物体，下面说法中正确的是：

(A)物体处在运动正方向的端点时，速度和加速度都达到最大值；

(B)物体位于平衡位置且向负方向运动时，速度和加速度都为零；

(C)物体位于平衡位置且向正方向运动时，速度最大，加速度为零；

(D)物体处在负方向的端点时，速度最大，加速度为零。 [ ]

2. 一质点在 x 轴上做简谐振动，振幅 $A=4\text{cm}$，周期 $T=2\text{s}$，其平衡位置取作坐标原点，若 $t=0$ 时刻质点第一次通过 $x=-2\text{cm}$ 处，且向 x 轴负方向运动，则质点第二次通过 $x=-2\text{cm}$ 处的时刻为：

(A)1s； (B)(2/3)s；

(C)(4/3)s； (D)2s。 [ ]

3. 将一倔强系数为 k 的轻弹簧截成三等份，取出其中的两根，将它们并联在一起，下面挂一质量为 m 的物体，如选择题 3 图所示，则振动系统的频率为：

(A) $\dfrac{1}{2\pi}\sqrt{\dfrac{k}{m}}$； (B) $\dfrac{1}{2\pi}\sqrt{\dfrac{6k}{m}}$；

(C) $\dfrac{1}{2\pi}\sqrt{\dfrac{3k}{m}}$； (C) $\dfrac{1}{2\pi}\sqrt{\dfrac{k}{3m}}$。 [ ]

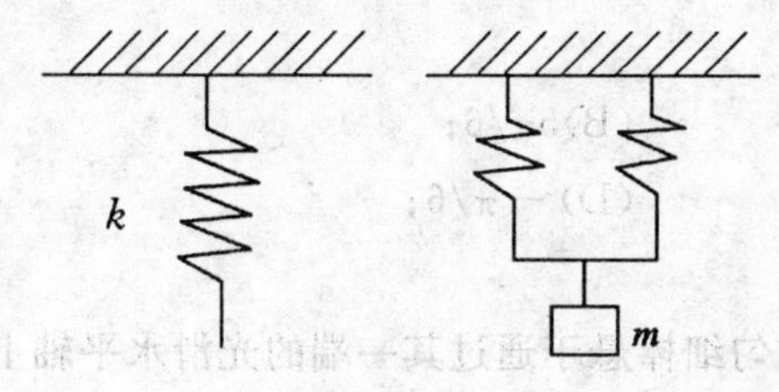

选择题 3 图

4. 如选择题 4 图所示，一弹簧振子，当把它水平放置时，它可以做简谐振动。若把它竖直放置或放在固定的光滑斜面上，试判断下面哪种情况是正确的：

(A) 竖直放置可做简谐振动，放在光滑斜面上不能做简谐振动；

(B) 竖直放置不能做简谐振动，放在光滑斜面上可做简谐振动；

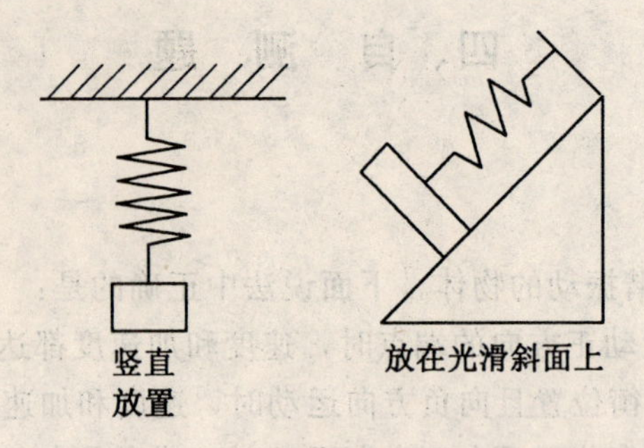

选择题 4 图

(C) 两种情况都可做简谐振动；

(D) 两种情况都不能做简谐振动。 [ ]

5. 一质点做简谐振动，其运动速度与时间的曲线如选择题 5 图所示，若质点的振动规律用余弦函数描述，则其初相位应为：

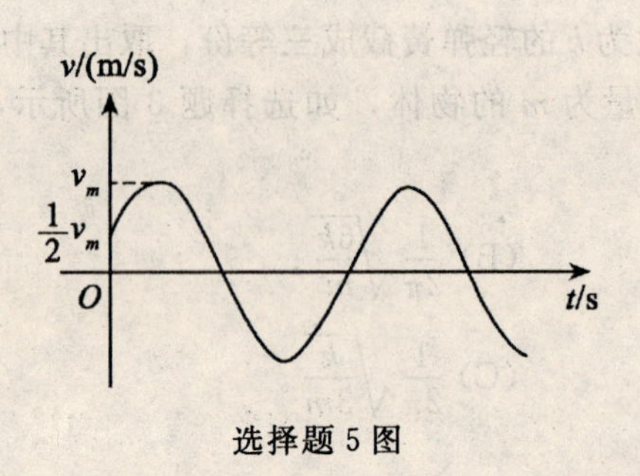

选择题 5 图

(A) $\pi/6$； (B) $5\pi/6$；

(C) $-5\pi/6$； (D) $-\pi/6$；

(E) $-2\pi/3$。 [ ]

6. 一长为 l 的均匀细棒悬于通过其一端的光滑水平轴上，做成一复摆，如选择题 6 图所示，已知细棒绕通过其一端的轴的转动惯量 $J=\frac{1}{3}ml^2$，则此摆做微小振动的周期为：

(A) $2\pi\sqrt{\frac{l}{g}}$； (B) $2\pi\sqrt{\frac{l}{2g}}$；

(C) $2\pi\sqrt{\frac{2l}{3g}}$； (D) $\pi\sqrt{\frac{l}{3g}}$。 [ ]

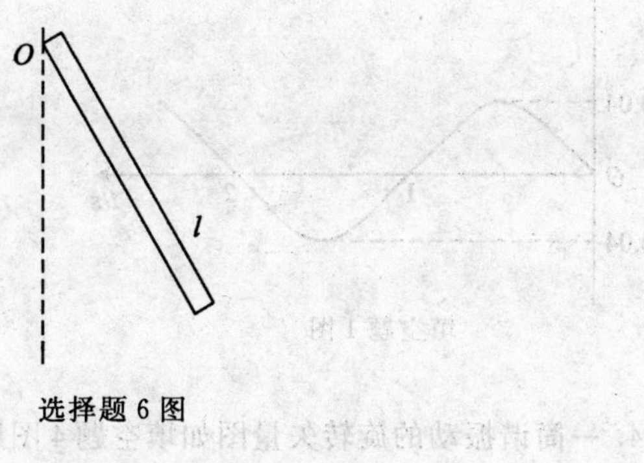

选择题 6 图

7. 一长度为 l、偪强系数为 k 的均匀轻弹簧分割成长度分别为 l_1 和 l_2 的两部分，且 $l_1 = nl_2$，n 为整数，则相应的偪强系数 k_1 和 k_2 为：

(A) $k_1 = \dfrac{kn}{n+1}$，　$k_2 = k(n+1)$；

(B) $k_1 = \dfrac{k(n+1)}{n}$，　$k_2 = \dfrac{k}{n+1}$；

(C) $k_1 = \dfrac{k(n+1)}{n}$，　$k_2 = k(n+1)$；

(D) $k_1 = \dfrac{kn}{n+1}$，　$k_2 = \dfrac{k}{n+1}$。　　[　　]

(二) 填空题

1. 一简谐振动的振动曲线如填空题 1 图所示，相应地以余弦函数表示的振动方程为 $x =$ ________ (SI)。

2. 两个同方向同频率的简谐振动，其振动表达式分别为：

$$x_1 = 6 \times 10^{-2} \cos\left(5t + \frac{1}{2}\pi\right) \quad \text{(SI)};$$

$$x_2 = 2 \times 10^{-2} \sin(\pi - 5t) \quad \text{(SI)},$$

则它们的合振动的振幅为________，初位相为________。

3. 一单摆的悬线长 $l = 1.5\text{m}$，在顶端固定点的铅直下方 0.45m 处有一小钉，如填空题 3 图所示，设摆动较小，则单摆的左右两方振幅之比 A_1/A_2 的近似值为________。

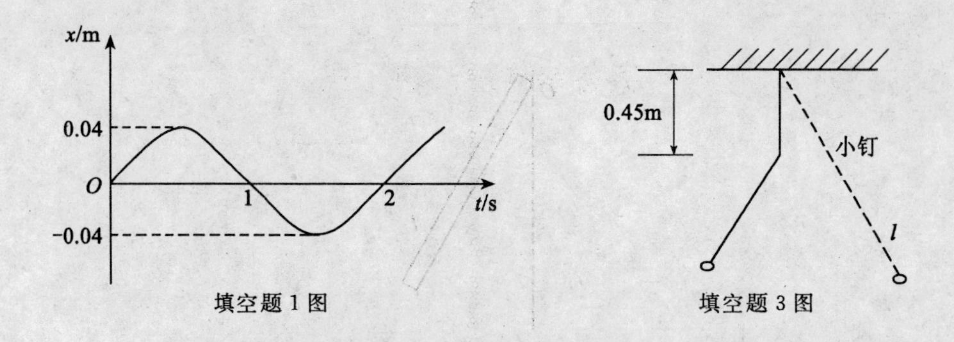

填空题 1 图　　　　填空题 3 图

4. 一简谐振动的旋转矢量图如填空题 4 图所示，振幅矢量长 2cm，则该简谐振动的初位相为________，振动方程为________。

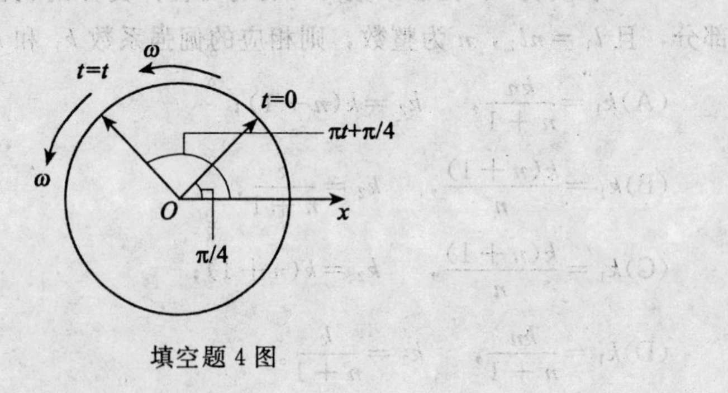

填空题 4 图

5. 试在填空题 5 图中画谐振子的动能、振动势能和机械能随时间 t 而变的三条曲线(设 $t=0$) 时物体经过平衡位置)。

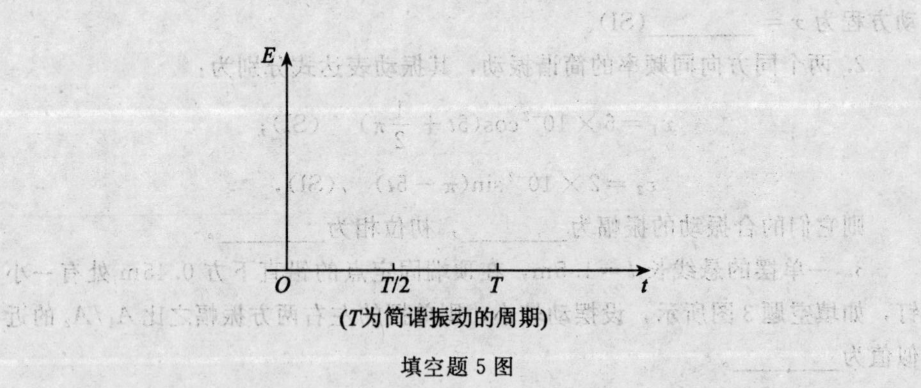

填空题 5 图

6. 两个同方向同频率的简谐振动，其合振动的振幅为 20cm，与第一个简谐振动的位相差为 $\varphi-\varphi_1=\pi/6$，若第一个简谐振动的振幅为 $10\sqrt{3}\,\text{cm}=$

17.3cm，则第二个简谐振动的振幅为________cm，第一、二两个简谐振动的位相差 $\varphi_1-\varphi_2$ 为________。

（三）计算题

1. 如计算题 1 图所示，有一水平弹簧振子，弹簧的倔强系数 $k=24\text{N/m}$，重物的质量 $m=6\text{kg}$。重物静止在平衡位置上，设以一水平恒力 $F=10\text{N}$ 向左作用于物体(不计摩擦)，使之由平衡位置向左运动了 0.05m，此时撤去力 F。当重物运动到左方最远位置时开始计时，求物体的运动方程。

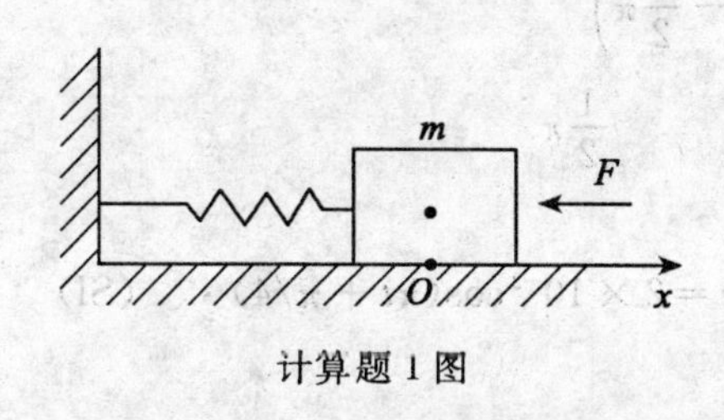

计算题 1 图

2. 两个物体做同方向、同频率、同振幅的简谐振动。在振动过程中，每当第一个物体经过位移 $A/\sqrt{2}$ 的位置向平衡位置运动时，第二个物体也经过此位置，但向远离平衡位置的方向运动。试利用旋转矢量法求它们的位相差。

3. 在一竖直轻弹簧下端悬挂质量 $m=5\text{g}$ 的小球，弹簧伸长 $\Delta l=1\text{cm}$ 而平衡。经推动后，该小球在竖直方向做振幅为 $A=4\text{cm}$ 的振动，求：(1) 小球的振动周期；(2) 振动能量。

4. 一简谐振动的振动曲线如计算题 4 图所示，求振动方程。

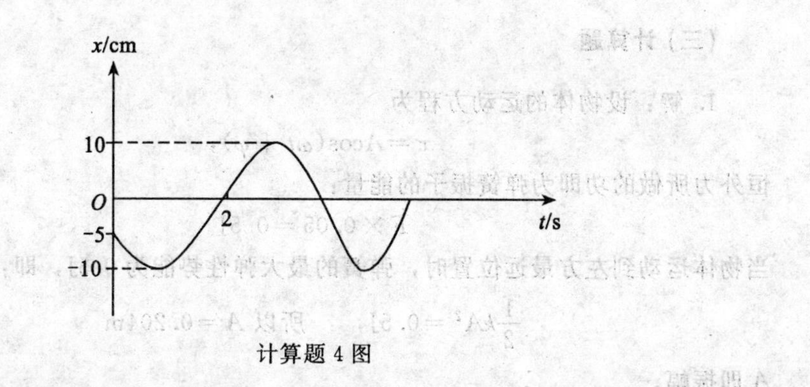

计算题 4 图

五、自测题参考答案

(一) 选择题

1.(C)；2.(B)；3.(B)；4.(C)；5.(C)；6.(C)；7.(C)

(二) 填空题

1. $0.04\cos\left(\pi t-\frac{1}{2}\pi\right)$

2. $4\times10^{-2}\,\mathrm{m}$； $\frac{1}{2}\pi$

3. 0.84

4. $\pi/4$； $x=2\times10^{-2}\cos(\pi t+\pi/4)$ (SI)

5.

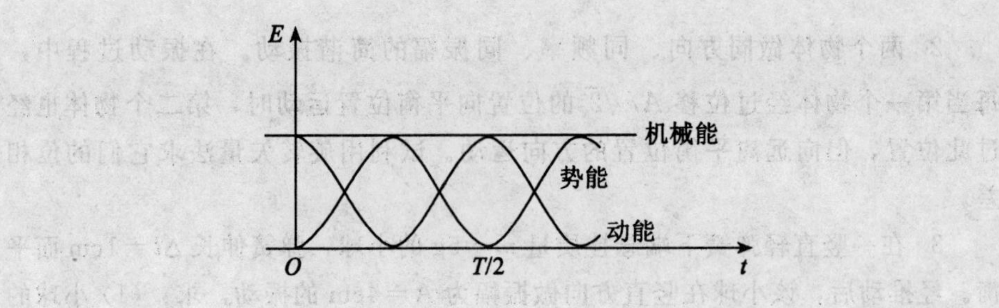

6. 10； $-\frac{\pi}{2}$

(三) 计算题

1. 解：设物体的运动方程为

$$x=A\cos(\omega t+\varphi),$$

恒外力所做的功即为弹簧振子的能量：

$$F\times0.05=0.5\mathrm{J}$$

当物体运动到左方最远位置时，弹簧的最大弹性势能为 0.5J，即：

$$\frac{1}{2}kA^2=0.5\mathrm{J},\quad 所以\ A=0.204\mathrm{m}$$

A 即振幅。

$$\omega^2=k/m=4(\mathrm{rad}/)^2$$

$$\omega = 2\text{rad/s}$$

按题目所述时刻计时，初相为 $\varphi = \pi$，

所以物体运动方程为：

$$x = 0.204\cos(2t + \pi) \quad (\text{SI})$$

2. 解：

依题意画出旋转矢量图。

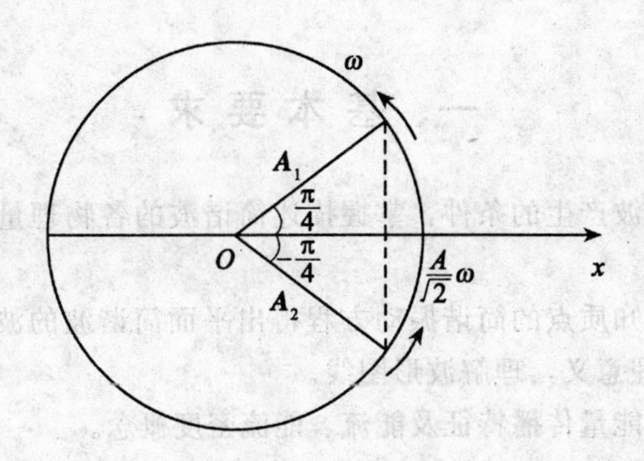

由图可知两简谐振动的位相差为$\frac{1}{2}\pi$。

3. 解：(1) $T = 2\pi/\omega = 2\pi\sqrt{m/k} = \sqrt{m/(mg/\Delta l)} = 0.201\text{s}$

(2) $E = \frac{1}{2}kA^2 = \frac{1}{2}(mg/\Delta l)A^2 = 3.92 \times 10^{-3}\text{J}$

4. 解：(1) 由曲线可知 $A = 10\text{cm}$

$t = 0$ 时，$x_0 = -5 = 10\cos\varphi$，

$$v_0 = -10\omega\sin\varphi < 0$$

解上面两式，可得 $\varphi = 2\pi/3$。

由图可知质点由位移 $x_0 = -5\text{cm}$ 和 $v_0 < 0$ 的状态到 $x = 0$ 和 $v > 0$ 的状态所需时间 $t = 2\text{s}$，代入振动方程得到，

$$0 = 10\cos(2\omega + 2\pi/3)$$

$$2\omega + 2\pi/3 = 3\pi/2,$$

所以 $\omega = 5\pi/12$

故所求振动方程为

$$x = 0.1\cos(5\pi t/12 + 2\pi/3) \quad (\text{SI})$$

第11章　机　械　波

一、基 本 要 求

(1)理解机械波产生的条件，掌握描述简谐波的各物理量(特别是相位)及各量间的关系。

(2)掌握由已知质点的简谐振动方程得出平面简谐波的波函数的方程的方法及波函数的物理意义，理解波形图线。

(3)了解波的能量传播特征及能流、能流密度概念。

(4)了解惠更斯原理和波的叠加原理。

(5)掌握波的相干条件，能应用位相差和波程差分析、确定相干波叠加后振幅加强和减弱的条件。

(6)了解驻波及其形成条件，了解驻波与行波的区别。

二、内 容 提 要

1. 波动

振动的传播过程称为波动。波动一般有两大类：一类是机械振动在弹性媒质中的传播，称为机械波；另一类是变化的电场和变化的磁场在空间的传播，称为电磁波。

2. 描述波动的物理量

(1)波速

振动状态(包括振动位移、振动相位、波的能量) 在单位时间内传播的距离称为波速，也称相速，用 u 表示。对于机械波，波速由媒质的性质决定。

(2) 波动的周期和频率

波动传播 2π 相位的时间称为波动的周期，用 T 表示。单位时间内传播 2π 相位的数目称为波的频率，用 ν 表示。周期与频率的关系为 $T=\frac{1}{\nu}$。

(3) 波长

同一波线上相位差为 2π 的相邻两个质点的距离称为波长，用 λ 表示。波长与波速、周期、频率的关系为

$$\lambda = uT = \frac{u}{\nu}$$

3. 平面简谐波

平面简谐波的波动方程为：

$$y = A\cos\left[\omega\left(t \mp \frac{x}{u}\right)\right]$$

4. 波的能量

(1) 媒质中质元的能量

动能：$\mathrm{d}E_k = \frac{1}{2}\rho \mathrm{d}VA^2\omega^2 \sin^2\left[\omega\left(t - \frac{x}{u}\right) + \varphi\right]$

势能：$\mathrm{d}E_p = \frac{1}{2}\rho \mathrm{d}VA^2\omega^2 \sin^2\left[\omega\left(t - \frac{x}{u}\right) + \varphi\right]$

机械能：$\mathrm{d}E = \mathrm{d}E_k + \mathrm{d}E_p = \rho \mathrm{d}VA^2\omega^2 \sin^2\left[\omega\left(t - \frac{x}{u}\right) + \varphi\right]$

(2) 波的能量密度和平均能量密度

波的能量密度：

$$w = \frac{\mathrm{d}E}{\mathrm{d}V} = \rho A^2\omega^2 \sin^2\left[\omega\left(t - \frac{x}{u}\right) + \varphi\right]$$

波的平均能量密度：

$$\overline{w} = \frac{1}{2}\rho A^2\omega^2$$

(3) 波的平均能流：$\overline{P} = \overline{w}u\Delta S$

(4) 波的平均能流密度：$I = \frac{1}{2}\rho A^2\omega^2 u$

5. 惠更斯原理

媒质中波前上的各点，都可以看做是发射子波的波源，其后任一时刻这些子波的包迹就是新的波前。

6. 波的叠加原理

几列波相遇时保持各自的特点通过媒质中波的叠加区域；在它们重叠的区域内，每一质点的振动都是各个波单独引起的振动的合成。

7. 波的干涉

(1) 干涉现象

当两列(或几列) 波在空间某一区域同时传播时，叠加后波的强度在空间这一区域内重新分布，形成有的地方强度始终加强，有的地方强度始终减弱，

整个区域中强度有一稳定分布的现象，叫波的干涉。

(2) 干涉条件

相干条件：两列波频率相同、振动方向相同及相位差恒定。

干涉加强：

$$\Delta\varphi=\varphi_2-\varphi_1-2\pi\frac{r_2-r_1}{\lambda}=\pm 2k\pi,\ k=0,\ 1,\ 2,\ \cdots$$

则合振动的振幅有极大值 $A=A_1+A_2$，为相长干涉；

干涉减弱：

$$\Delta\varphi=\varphi_2-\varphi_1-2\pi\frac{r_2-r_1}{\lambda}=\pm(2k+1)\pi,\ k=0,\ 1,\ 2,\ \cdots$$

则合振动的振幅有极小值 $A=|A_1-A_2|$，为相消干涉。

8. 驻波

波动方程

$$y=2A\cos 2\pi\frac{x}{\lambda}\cos 2\pi\nu t$$

其振幅 $\left|2A\cos 2\pi\frac{x}{\lambda}\right|$ 随 x 作周期变化。

波节位置：$x=\pm(2k+1)\frac{\lambda}{4}$，$k=0,\ 1,\ 2,\ \cdots$

波腹位置：$x=\pm k\frac{\lambda}{2}$，$k=0,\ 1,\ 2,\ \cdots$

9. 多普勒效应

观察者和波源之间有相对运动时，观察者测得的频率 ν_r 和波源的频率 ν_s 不同的现象称为多普勒效应，两者的关系为

$$\nu_r=\frac{u+v_r}{u-v_s}\nu_s$$

当观察者向着波源运动时，$v_r>0$；当观察者背离波源运动时，$v_r<0$；波源向着观察者运动时，$v_s>0$；波源背离观察者运动时，$v_s<0$。

三、解题指导与例题

例1 沿一平面简谐波的波线上，有相距2.0m的两质点A与B，B点振动相位比 A 点落后$\frac{\pi}{6}$，已知振动周期为2.0s，求波长和波速。

解：根据题意，对于 A，B 两点，$\Delta\varphi=\varphi_2-\varphi_1=\frac{\pi}{6}$，$\Delta x=2\text{m}$

而相位和波长之间又满足这样的关系：$\Delta\varphi=\varphi_2-\varphi_1=-\frac{x_2-x_1}{\lambda}2\pi=$

$-\dfrac{\Delta x}{\lambda}2\pi$

代入数据，可得：波长 $\lambda=24\text{m}$。

又已知 $T=2\text{s}$，所以波速 $u=\lambda/T=12\text{m/s}$

例2 已知一平面波沿 x 轴正向传播，距坐标原点 O 为 x_1 处 P 点的振动式为 $y=A\cos(\omega t+\varphi)$，波速为 u，求：

(1) 平面波的波动式；

(2) 若波沿 x 轴负向传播，波动式又如何。

解：(1) 根据题意，距坐标原点 O 为 x_1 处 P 点是坐标原点的振动状态传过来的，其 O 点振动状态传到 P 点需用 $\Delta t=\dfrac{x_1}{u}$，也就是说 t 时刻 P 处质点的振动状态重复 $t-\dfrac{x}{u}$ 时刻 O 处质点的振动状态。换而言之，O 处质点的振动状态相当于 $t+\dfrac{x_1}{u}$ 时刻 P 处质点的振动状态，则 O 点的振动方程为：$y=A\cos\left[\omega(t+\dfrac{x_1}{u})+\varphi\right]$

波动方程为：$y=A\cos\left[\omega(t+\dfrac{x_1}{u}-\dfrac{x}{u})+\varphi\right]$

(2) 若波沿 x 轴负向传播，O 处质点的振动状态相当于 $t-\dfrac{x_1}{u}$ 时刻 P 处质点的振动状态，则 O 点的振动方程为：$y=A\cos\left[\omega(t-\dfrac{x_1}{u})+\varphi\right]$

波动方程为：$y=A\cos\left[\omega(t-\dfrac{x_1}{u}+\dfrac{x}{u})+\varphi\right]$

例3 一平面简谐波在空间传播，如例3图所示，已知 A 点的振动规律为 $y=A\cos(2\pi\nu t+\varphi)$，试写出：

(1) 该平面简谐波的表达式；

(2) B 点的振动表达式(B 点位于 A 点右方 d 处)。

解：(1) 根据题意，A 点的振动规律为 $y=A\cos(2\pi\nu t+\varphi)$，它的振动是 O 点传过来的，所以 O 点的振动方程为：$y=A\cos\left[2\pi\nu(t+\dfrac{l}{u})+\varphi\right]$。

那么该平面简谐波的表达式为：

$$y=A\cos\left[2\pi\nu(t+\frac{l}{u}+\frac{x}{u})+\varphi\right]$$

(2) B 点的振动表达式可直接将坐标 $x=d-l$，代入波动方程：

$$y=A\cos\left[2\pi\nu(t+\frac{l}{u}+\frac{d-l}{u})+\varphi\right]=A\cos\left[2\pi\nu(t+\frac{d}{u})+\varphi\right]$$

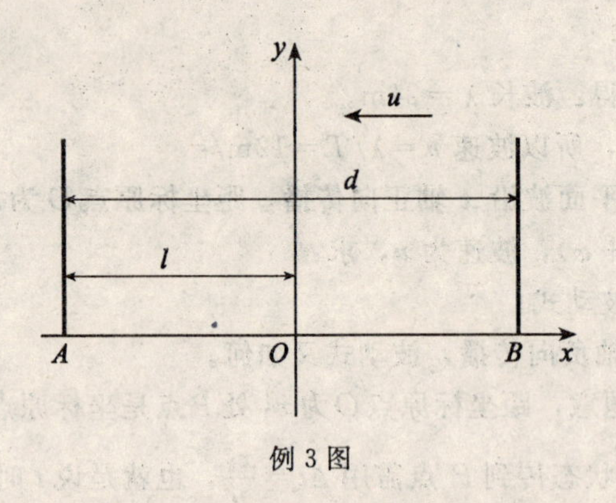

例 3 图

也可以根据 B 点的振动经过$\frac{d}{u}$时间传给 A 点的思路来解。

例 4　已知一沿 x 正方向传播的平面余弦波，$t=\frac{1}{3}$s 时的波形如例 4 图所示，且周期 T 为 2s。(1) 写出 O 点的振动表达式；(2) 写出该波的波动表达式；(3) 写出 A 点的振动表达式；(4) 写出 A 点离 O 点的距离。

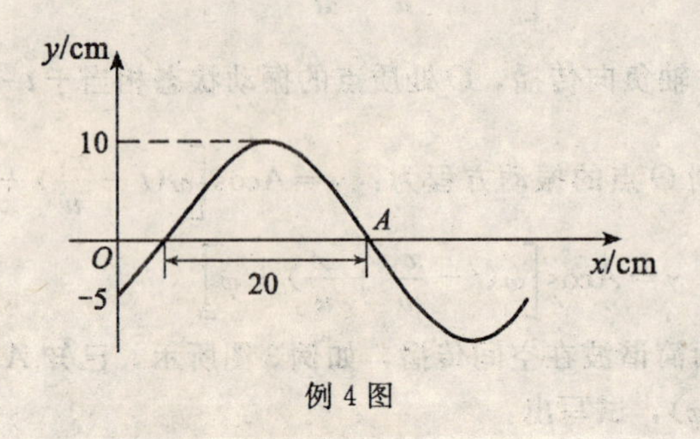

例 4 图

解：由图可知 $A=0.1\text{m}$，$\lambda=0.4\text{m}$，由题知 $T=2\text{s}$，$\omega=2\pi/T=\pi$，而 $u=\lambda/T=0.2\text{m/s}$。

波动方程为：$y=0.1\cos[\pi(t-x/0.2)+\varphi_0]$，关键在于确定 O 点的初始相位。

(1) 由上式可知：O 点的相位也可写成：$\varphi=\pi t+\varphi_0$

由图形可知：$t=\frac{1}{3}$s 时 $y_0=-A/2$，$v_0<0$，所以，此时的 $\varphi=2\pi/3$，

将此条件代入，得$\frac{2\pi}{3}=\pi\ \frac{1}{3}+\varphi_0$，所以，$\varphi_0=\frac{\pi}{3}$

O 点的振动表达式为：$y=0.1\cos(\pi t+\pi/3)$

(2) 波动方程为：$y=0.1\cos[\pi(t-x/0.2)+\pi/3]$

(3) A 点的振动表达式确定方法与 O 点相似，由上式可知：

A 点的相位也可写成：$\varphi=\pi t+\varphi_{A0}$

由图形可知：$t=\frac{1}{3}$ s 时 $y_0=0$，$v_0>0$，所以此时的 $\varphi=-\pi/2$，

将此条件代入，得 $-\frac{\pi}{2}=\pi\frac{1}{3}+\varphi_{A0}$，所以，$\varphi_{A_0}=-\frac{5\pi}{6}$

A 点的振动表达式为：$y=0.1\cos[\pi t-5\pi/6]$

(4) 将 A 点的坐标代入波动方程，可得到 A 的振动方程，与(3) 结果相同，所以，

$$y=0.1\cos[\pi(t-x/0.2)+\pi/3]=0.1\cos(\pi t-5\pi/6)$$

可解得，$x_A=\frac{7}{30}=0.233\text{m}$

例 5 S_1 与 S_2 为左、右两个振幅相等的相干平面简谐波源，它们的间距为 $d=5\lambda/4$，S_2 质点的振动比 S_1 超前 $\pi/2$。设 S_1 的振动方程为 $y_{10}=A\cos\frac{2\pi}{T}t$，且媒质无吸收，则

(1) 写出 S_1 与 S_2 之间的合成波动方程；

(2) 分别写出 S_1 与 S_2 左、右侧的合成波动方程。

解：(1) $y_1=A\cos\left(\omega t+\varphi_{10}-\frac{2\pi}{\lambda}r_1\right)$，$y_2=A\cos\left(\omega t+\varphi_{20}-\frac{2\pi}{\lambda}r_2\right)$

由题意：$\varphi_{20}-\varphi_{10}=\frac{\pi}{2}$，设它们之间的这一点坐标为 x，则

$$y_1=A\cos\left(\omega t+\varphi_{10}-\frac{2\pi}{\lambda}x\right)$$

$$y_2=A\cos\left[\omega t+\varphi_{10}+\frac{\pi}{2}-\frac{2\pi}{\lambda}\left(\frac{5}{4}\lambda-x\right)\right]=A\cos\left(\omega t+\varphi_{10}+\frac{2\pi}{\lambda}x\right)$$

相当于两列沿相反方向传播的波的叠加，合成波为驻波。

合成波为：

$$y=y_1+y_2=2A\cos\frac{2\pi}{\lambda}x\cos\frac{2\pi}{T}t$$

(2) 在 S_1 左侧的点距离 S_1 为 x：$y_1=A\cos\left(\omega t+\varphi_{10}+\frac{2\pi}{\lambda}x\right)$，

$$y_2=A\cos\left[\omega t+\varphi_{10}+\frac{\pi}{2}+\frac{2\pi}{\lambda}\left(\frac{5}{4}\lambda+x\right)\right]=A\cos\left(\omega t+\varphi_{10}+\frac{2\pi}{\lambda}x\right)$$

合成波为：

$$y=y_1+y_2=2A\cos2\pi\left(\frac{t}{T}+\frac{x}{\lambda}\right)$$

在 S_2 右侧的点距离 S_1 为 x：$y_1=A\cos\left(\omega t+\varphi_{10}-\frac{2\pi}{\lambda}x\right)$，

$$y_2=A\cos\left[\omega t+\varphi_{10}+\frac{\pi}{2}-\frac{2\pi}{\lambda}\left(x-\frac{5}{4}\lambda\right)\right]=A\cos\left(\omega t+\varphi_{10}-\frac{2\pi}{\lambda}x\right)$$

两列波正好是完全反相的状态，所以合成之后为0。

例6 绳索上的波以波速 $v=25\text{m/s}$ 传播，若绳的两端固定，相距2m，在绳上形成驻波，且除端点外其间有3个波节。设驻波振幅为0.1m，$t=0$ 时绳上各点均经过平衡位置。试写出：

(1) 驻波的表示式；

(2) 形成该驻波的两列反向进行的行波表示式。

解：(1) 根据驻波的定义，相邻两波节(腹)间距：$\Delta x=\frac{\lambda}{2}$，如果绳的两端固定，那么两个端点上都是波节，根据题意除端点外其间还有3个波节，可见两端点之间有四个半波长的距离，$\Delta x=4\times\frac{\lambda}{2}=2$，所以波长 $\lambda=1\text{m}$，$v=25\text{m/s}$，所以 $\omega=2\pi\frac{u}{\lambda}=50\pi(\text{Hz})$。又已知驻波振幅为0.1m，$t=0$ 时绳上各点均经过平衡位置，说明它们的初始相位为 $\frac{\pi}{2}$，关于时间部分的余弦函数应为 $\cos\left(50\pi t+\frac{\pi}{2}\right)$。

所以驻波方程为：$y=0.1\cos2\pi x\cos\left(50\pi t+\frac{\pi}{2}\right)$

(2) 由合成波的形式为：$y=y_1+y_2=2A\cos\frac{2\pi x}{\lambda}\cos2\pi\nu t$

可推出合成该驻波的两列波的波动方程为：

$$y_1=0.05\cos(50\pi t-2\pi x)$$
$$y_2=0.05\cos(50\pi t+2\pi x-\pi)$$

四、自 测 题

(一)选择题

1. 在下面几种说法中，正确的说法是：

(A)波源不动时，波源的振动周期与波动的周期在数值上是不同的；

(B)波源振动的速度与波速相同；

(C)在波传播方向上的任一质点振动位相总是比波源的位相滞后；

(D)在波传播方向上的任一质点振动位相总是比波源的位相超前。

[ ]

2. 一平面简谐波的波动方程为 $y=0.1\cos(3\pi t-\pi x+\pi)$(SI)，$t=0$ 时的波形曲线如选择题 2 图所示，则：

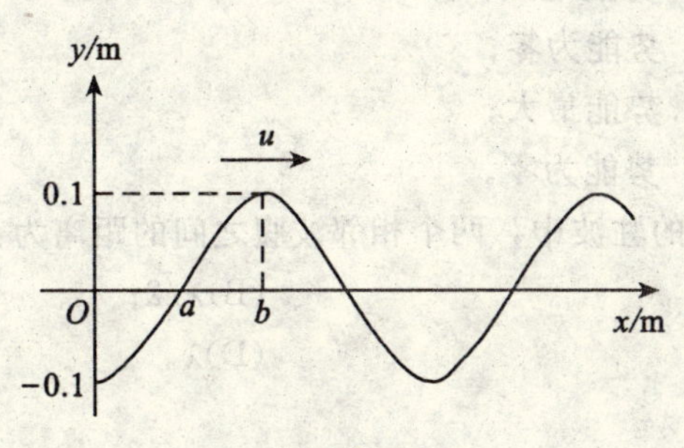

选择题 2 图

(A)O 点的振幅为 -0.1m；

(B) 波长为 3m；

(C)a、b 两点间位置相差为$\frac{1}{2}\pi$；

(D) 波速为 9m/s。 [ ]

3. 设声波在媒质中的传播速度为 u，声源的频率为 ν_s，若声源 S 不动，而接收器 R 相对于媒质以速度 v_R 沿着 S，R 连线向着声源 S 运动，则位于 S，R 连线中点的质点 P 的振动频率为：

(A)ν_s；

(B) $\frac{u+v_r}{u}\nu_s$；

(C) $\frac{u}{u+v_R}\nu_s$；

(D) $\frac{u}{u-v_R}\nu_s$。 [ ]

4. 把一根十分长的绳子拉成水平，用手握其一端，维持拉力恒定，使绳端在垂直于绳子的方向上做简谐振动，则：

(A) 振动频率越高，波长越长；

(B) 振动频率越低，波长越长；

(C) 振动频率越高，波速越大；

(D) 振动频率越低，波速越大。 [ ]

5. 下列函数 $f(x,t)$ 可表示弹性介质中的一维波动，式中 A，a 和 b 是正的常数，则其中哪个函数表示沿 x 轴负向传播的行波？

(A)$f(x,t)=A\cos(ax+bt)$；

(B)$f(x,t)=A\cos(ax-bt)$；

(C) $f(x, t)=A\cos ax\cdot\cos bt$；　　(D) $f(x, t)=A\sin ax\cdot\sin bt$。

[　　]

6. 一平面简谐波在弹性媒质中传播时，某一时刻在传播方向上媒质中某质元在负的最大位移处，则它的能量是：

(A) 动能为零，势能最大；

(B) 动能为零，势能为零；

(C) 动能最大，势能最大；

(D) 动能最大，势能为零。　　[　　]

7. 在波长为 λ 的驻波中，两个相邻波腹之间的距离为：

(A) $\lambda/4$；　　(B) $\lambda/2$；

(C) $3\lambda/4$；　　(D) λ。　　[　　]

(二) 填空题

1. 一声波在空气中的波长是 0.25m，传播速度是 340m/s，当它进入另一介质时，波长变成了 0.37m，则它在该介质中传播速度为________。

2. 填空题 2 图是一简谐波在 $t=0$ 和 $t=T/4$（T 为周期）时的波形图，试另画出 P 处质点的振动曲线。

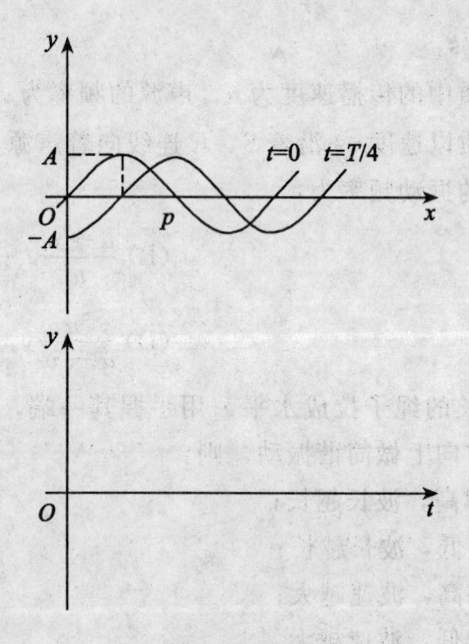

填空题 2 图

3. 一平面简谐机械波在媒质中传播时，若一媒质质元在 t 时刻的波的能量是 10J，则在 $(t+T)$ (T 为波的周期) 时刻该媒质质元的振动动能是________。

4. 两列纵波传播方向成 90°，在两波相遇区域内的某质点处，甲波引起的振动方程是 $y_1 = 0.3\cos(3\pi t)$(SI)，乙波引起的振动方程是 $y_2 = 0.4\cos(3\pi t)$(SI)，则 $t=0$ 时该点的振动位移大小是________。

5. 如填空题 5 图所示，一简谐波沿 Ox 轴正方向传播，图中所示为该波 t 时刻的波形图，欲沿 Ox 轴形成驻波，且使坐标原点 O 处出现波节，在另一图上画出另一简谐波 t 时刻的波形图。

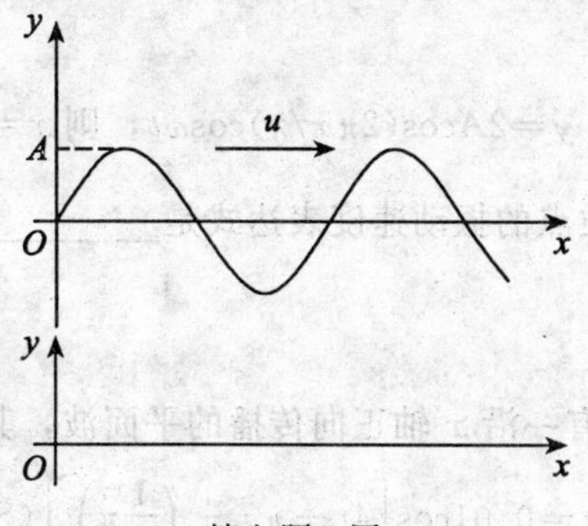

填空题 5 图

6. 已知一平面简谐波的表达式为 $y=A\cos(Dt-Ex)$，式中 A，D，E 为正值恒量，则在传播方向上相距为 a 的两点的位相差为________。

7. 一简谐波沿 x 轴负方向传播，波的表达式为 $y=0.02\cos(2\pi t+\pi x)$(SI)，则 $x=-1\text{m}$ 处 P 点的振动方程为________。

8. 如填空题 8 图所示，图中弧 AOB 为 t 时刻的波前，试根据惠更斯原理画出 $t+\Delta t$ 时刻的波前。

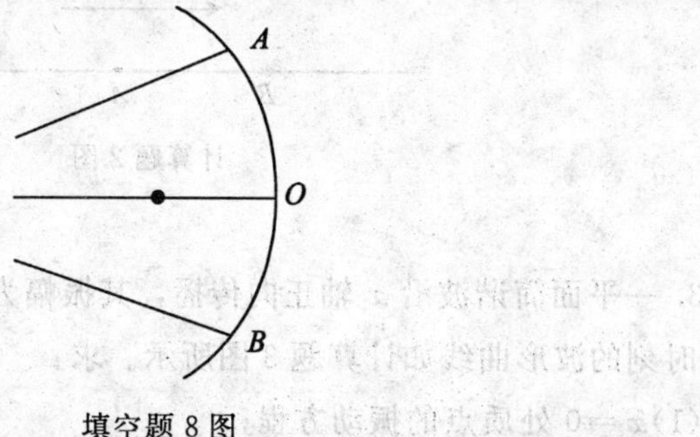

填空题 8 图

9. 如填空题9图所示，S_1 和 S_2 为同位相的两相干波源，相距为 L，P 点距 S_1 为 r；波源 S_1 在 P 点引起的振动振幅为 A_1，波源 S_2 在 P 点引起的振动振幅为 A_2，两波波长都是 λ，则 P 点的振幅 $A=$________。

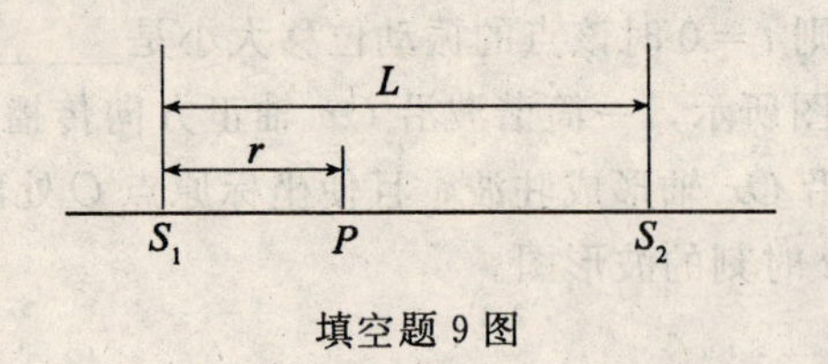

填空题 9 图

10. 一驻波方程为 $y=2A\cos(2\pi x/\lambda)\cos\omega t$，则 $x=-\frac{1}{2}\lambda$ 处的质点的振动方程是________；该质点的振动速度表达式是________。

(三) 计算题

1. 在弹性媒质中有一沿 x 轴正向传播的平面波，其波动方程为

$$y=0.01\cos\left[4t-\pi x-\left(\frac{1}{2}\pi\right)\right](\mathrm{SI})$$

若在 $x=5.00\mathrm{m}$ 处有一媒质分界面，且在分界面处位相突变 π，设反射后波的强度不变，试写出反射波的波动方程。

2. 如计算题2图所示，一平面波在介质中以速度 $u=20\mathrm{m/s}$ 沿 x 轴负方向传播，已知 A 点的振动方程为 $y=\cos4\pi t(\mathrm{SI})$，则

(1) 以 A 点为坐标原点写出波动方程；

(2) 以距 A 点 5m 处的 B 点为坐标原点，写出波动方程。

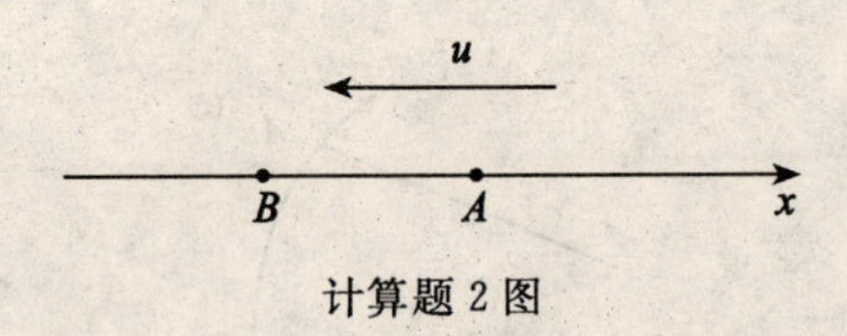

计算题 2 图

3. 一平面简谐波沿 x 轴正向传播，其振幅为 A，频率为 ν，波速为 u。设 $t=t'$ 时刻的波形曲线如计算题 3 图所示。求：

(1) $x=0$ 处质点的振动方程；

(2) 该波的波动方程。

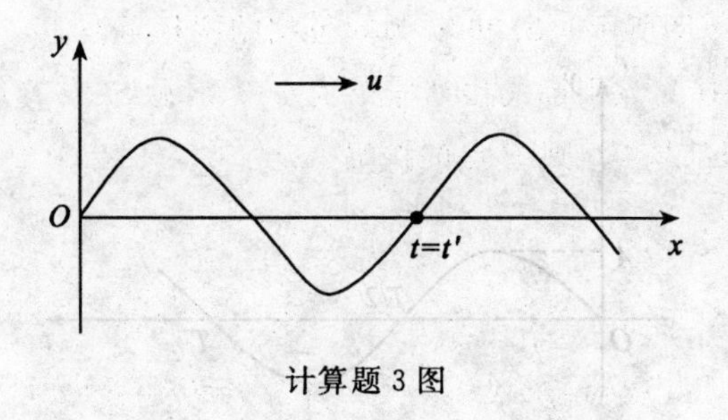

计算题 3 图

4. 一平面简谐波，频率为 300Hz，波速为 $340\text{m}\cdot\text{s}^{-1}$，在截面面积为 $3.00\times10^{-2}\text{m}^2$ 的管内空气中传播，若在 10s 内通过截面的能量为 $2.70\times10^{-2}\text{J}$，求：

(1) 通过截面的平均能流；

(2) 波的平均能流密度；

(3) 波的平均能量密度。

5. 如计算题 5 图所示，原点 O 是波源，振动方向垂直于纸面，波长是 λ。AB 为波的反射平面，反射时无半波损失。O 点位于 A 点的正上方，$\overline{AO}=h$。Ox 轴平行于 AB。求 Ox 轴上干涉加强点的坐标。(限于 $x\geqslant0$)

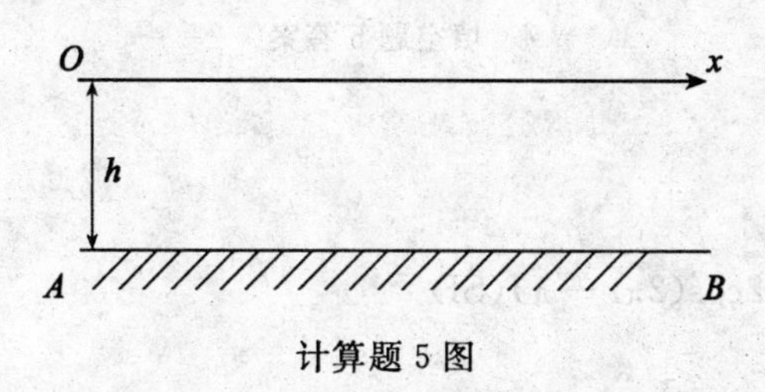

计算题 5 图

五、自测题参考答案

(一) 选择题

1. (C)；2. (C)；3. (A)；4. (B)；5. (A)；6. (B)；7. (B)

(二) 填空题

1. 503m/s

2. 答案见图

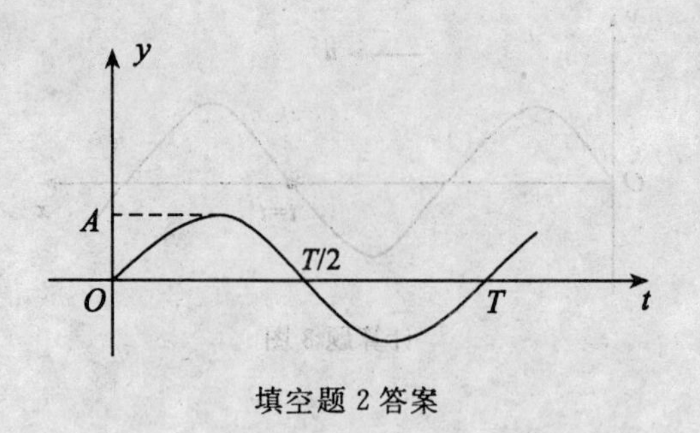

填空题 2 答案

3. 5J
4. 0.5m
5. 答案见图

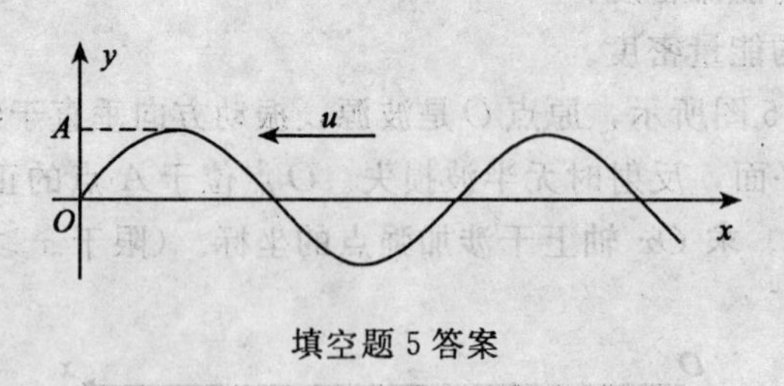

填空题 5 答案

6. $-\frac{1}{2}\pi$
7. $y_P = 0.02\cos(2\pi t - \pi)$(SI)
8. 答案见图

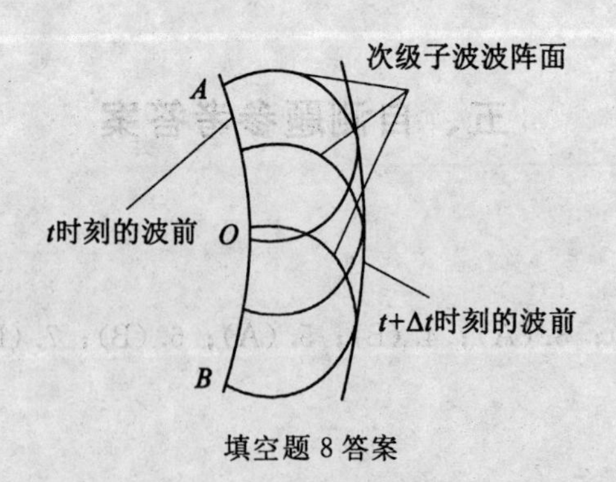

填空题 8 答案

9. $\sqrt{A_1^2+A_2^2+2A_1A_2\cos\left(2\pi\dfrac{L-2r}{\lambda}\right)}$

10. $y_1=-2A\cos\omega t$　或　$y_1=2A\cos(\omega t\pm\pi)$；

$v=2A\omega\sin\omega t$

(三) 计算题

1. 解：反射波在 x 点引起的振动位相为：

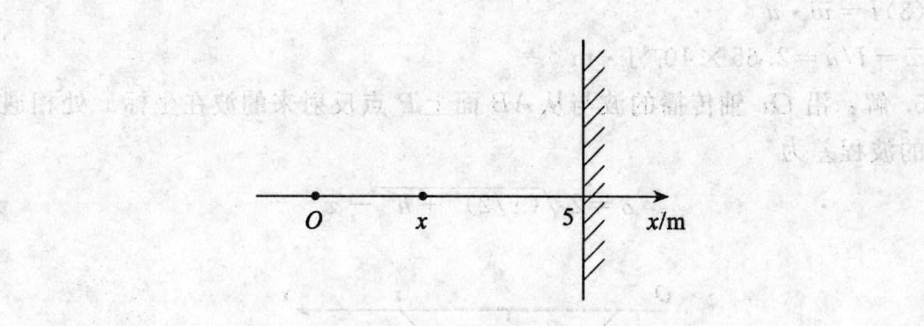

$$\varphi=\left(4t+\pi x+\frac{1}{2}\pi\right)$$

反射波方程为：

$$y=0.01\cos\left(4t+\pi x+\frac{1}{2}\pi\right)\text{(SI)}$$

或
$$y=0.01\cos\left(4t+\pi x+\frac{1}{2}\pi-10\pi\right)$$

2. 解：(1) 坐标为 x 点的振动位相为：

$$\varphi=\pi[t-(0-x)/u]=4\pi(t+x/u)=4\pi(t+x/20)$$

波动方程为

$$y=3\cos4\pi(t+x/20)\text{(SI)}$$

(2) 以 B 点为坐标原点，则坐标为 x 点的振动位相为

$$\varphi'=4\pi[t-(5-x)/20]$$

波动方程为

$$y=3\cos[4\pi(t+x/20)-\pi]\text{(SI)}$$

3. 解：(1) 设 $x=0$ 处质点振动方程为

$$y=A\cos(2\pi\upsilon t+\varphi)$$

由图可知，$t=t'$ 时 $y=A\cos(2\pi\upsilon t'+\varphi)=0$

$$\mathrm{d}y/\mathrm{d}t=-2\pi\upsilon A\sin(2\pi\upsilon t'+\varphi)<0$$

所以
$$2\pi\upsilon t'+\varphi=\pi/2$$

$$\varphi=\pi/2-2\pi\upsilon t'$$

$x=0$ 处的振动方程为

$$y=A\cos[2\pi\upsilon(t-t')+\pi/2]$$

(2) 该波的波动方程为

$$y=A\cos[2\pi\upsilon(t-t'-x/u)+\pi/2]$$

4. 解：(1) $P=W/t=2.07\times10^{-3}\text{J}\cdot\text{s}^{-1}$

(2) $I=P/s=9.00\times10^{-2}\text{J}\cdot\text{s}^{-1}\cdot\text{m}^{-2}$

(3) $I=\overline{w}\cdot u$

$\overline{w}=I/u=2.65\times10^{-4}\text{J}\cdot\text{m}^{-2}$

5. 解：沿 Ox 轴传播的波与从 AB 面上 P 点反射来的波在坐标 x 处相遇，两波的波程差为

$$\delta=2\sqrt{(x/2)^2+h^2}-x$$

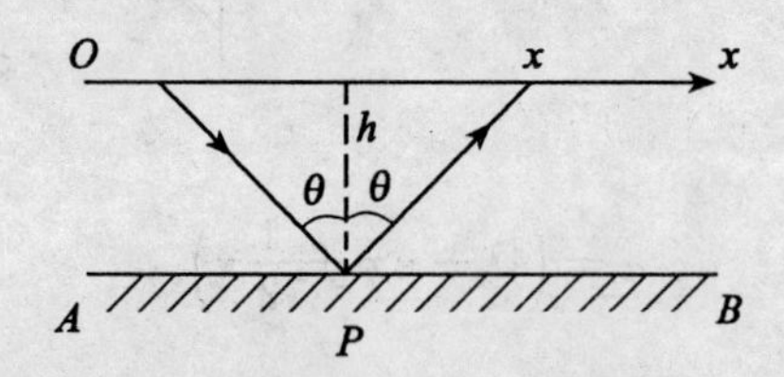

代入干涉加强的条件，有：

$$\delta=2\sqrt{(x/2)^2+h^2}-x=k\lambda,\ k=1,2,3,\cdots$$

$$x^2+4h^2=x^2+k^2\lambda^2+2xk\lambda$$

$$2xk\lambda=4h^2-k^2\lambda^2$$

$$x=\frac{4h^2-k^2\lambda^2}{2k\lambda}$$

$k=1,2,3,\cdots,<2h/\lambda$。

（当 $x=0$ 时，由 $4h^2-k^2\lambda^2=0$ 可得 $k=2h/\lambda$）

第12章 光的干涉

一、基本要求

(1)理解光的相干条件，掌握光程、光程差、半波损失概念。

(2)理解杨氏双缝干涉，能确定干涉条纹在屏上的位置。

(3)理解薄膜干涉、劈尖干涉和牛顿环，能根据加强和减弱条件解决有关问题。

(4)了解迈克尔孙干涉仪的工作原理。

二、内容提要

1. 相干光及其获得方法

能产生干涉的光称为相干光。

光的干涉条件：光波的频率相同，振动方向相同，相位差恒定。

获得相干光的方法：将同一光源同一点发出的光波分成两束，在空间经过不同路径传播后再使它们相遇。分为两种方法：即分波阵面法(如杨氏双缝干涉、菲涅耳双面镜和洛埃镜等)和分振幅法(如平行薄膜干涉、劈尖干涉、牛顿环和迈克尔孙干涉仪等)。

2. 杨氏双缝干涉

杨氏双缝干涉明、暗条纹中心位置

$$x=\pm k\frac{D}{d}\lambda,\ k=0,1,2,\cdots\qquad \text{明纹中心}$$

$$x=\pm(2k+1)\frac{D}{d}\frac{\lambda}{2},\ k=0,1,2,\cdots\qquad \text{暗纹中心}$$

条纹特点：等间距明暗相间条纹

相邻明纹或暗纹中心距离 $\Delta x=\frac{D}{d}\lambda$

3. 菲涅耳双面镜干涉与洛埃镜干涉

其规律与杨氏双缝干涉相同，而洛埃镜实验说明，在一定条件下，反射光出现相位突变，即半波损失。

4. 光程、光程差与相位差的关系

折射率 n 与几何路程 r 的乘积称为光波在该介质中走过的光程。

来自同一点光源的两束相干光，经历不同的光程在某点相遇，其光程差为：

$$\delta = L_2 - L_1 = n_2 r_2 - n_1 r_1$$

其对应的相位差与光程差的关系为 $\Delta\varphi = 2\pi \dfrac{\delta}{\lambda}$

5. 等倾干涉(膜厚 e 均匀，倾角 i 变化)

等倾干涉总光程差

$$\delta = 2e\sqrt{n_2^2 - n_1^2 \sin^2 i} + \begin{cases} \dfrac{\lambda}{2} & \text{反射条件不同} \\ 0 & \text{反射条件相同} \end{cases}$$

光程差 δ 与明、暗条纹的关系为

$$\delta = \begin{cases} k\lambda & k = 1, 2, \cdots \quad \text{干涉加强(明纹)} \\ (2k+1)\dfrac{\lambda}{2} & k = 0, 1, 2, \cdots \quad \text{干涉减弱(暗纹)} \end{cases}$$

6. 劈尖等厚干涉(膜厚 e 不均匀，光垂直入射)

光程差与明、暗条纹的关系为

$$\delta = 2en + \frac{\lambda}{2} \begin{cases} k\lambda, & k = 1, 2, \cdots \quad \text{干涉加强(明纹)} \\ (2k+1)\dfrac{\lambda}{2}, & k = 0, 1, 2, \cdots \quad \text{干涉减弱(暗纹)} \end{cases}$$

条纹特点：明暗相间等距平行直线

条纹间距 $\qquad l = \dfrac{\lambda}{2n\sin\theta}$

7. 牛顿环

平凹薄膜的等厚干涉产生的明暗相间的同心圆环形条纹称为牛顿环，若薄膜为空气，则明环和暗环的半径分别为

$$r = \sqrt{\frac{(2k-1)R\lambda}{2n}}, \qquad k = 1, 2, \cdots \ (\text{明环})$$

$$r = \sqrt{\frac{kR\lambda}{n}}, \qquad k = 0, 1, 2, \cdots \ (\text{暗环})$$

8. 迈克尔孙干涉仪

采用分振幅法使两个相互垂直(或不严格垂直)的屏幕镜形成一等效薄膜，产生双光束干涉，若有 N 个条纹移过视场，则动镜的移动量为

$$\mathrm{d} = N\frac{\lambda}{2}$$

三、解题指导与例题

学习光的干涉，最重要的就是理解光程差与干涉结果的关系。无论遇到什么样的干涉问题，首要的任务就是分析光程与光程差。解题前须认真理解本章中学过的几种干涉类型的物理实质，掌握每种类型的光程差的分析方法。在此过程中，较困难的问题是分析是否存在相位突变引起的附加光程差，不要去死记附加光程差存在的条件，而要真正理解附加光程差产生的实质，才不会在应用中产生混淆。

例1　如例1图所示，在双缝干涉实验中，单色光源 S 到两缝 S_1 和 S_2 的距离分别为 l_1 和 l_2，并且 $l_1 - l_2 = 3\lambda$，λ 为入射光的波长，双缝之间的距离为 d，双缝到屏幕的距离为 D，求：

(1) 零级明纹到屏幕中央 O 点的距离；

(2) 相邻明条纹间的距离。

提示：此题中光程差为关键。宜先计算两光的光程，然后求其光程差，从而确定零级明纹位置。

解：光程差　$\delta = (l_2 + r_2) - (l_1 + r_1)$

$$= (l_2 - l_1) + (r_2 - r_1) = l_2 - l_1 + \frac{xd}{D} = -3\lambda + \frac{xd}{D}$$

(1) 零级明纹，$\delta = 0$，有

选择题1图

$$x = \frac{3\lambda D}{d}$$

(2) 明纹 $\delta = \pm k\lambda = -3\lambda + \frac{x_k d}{D}$

$$x_k = \frac{(3\lambda \pm k\lambda)D}{d}$$

$$\Delta x = x_{k+1} - x_k = \frac{D\lambda}{d}$$

例2　在折射率 $n = 1.50$ 的玻璃上镀上 $n' = 1.35$ 的透明介质薄膜。入射光

波垂直于介质膜表面照射，观察反射光的干涉，发现对 $\lambda_1=600\text{nm}$ 的光波干涉相消，对 $\lambda_2=700\text{nm}$ 的光波干涉相长，且在 600nm 到 700nm 之间没有别的波长是最大限度相消或相长的情形。求所镀介质膜的厚度。

提示：此题关键是要确定光程差。

解：设介质薄膜的厚度为 e，上、下表面反射均为由光疏介质到光密介质，故不计附加光程差。

当光垂直入射 $i=0$ 时，依公式有：

对 $$\lambda_1:\ 2n'e=\frac{1}{2}(2k+1)\lambda_1 \qquad ①$$

按题意还应有：

对 $$\lambda_2:\ 2n'e=k\lambda_2 \qquad ②$$

由 ①，② 解得： $$k=\frac{\lambda_1}{2(\lambda_2-\lambda_1)}=3$$

将 k，λ_2，n' 代入 ② 式得

$$e=\frac{k\lambda_2}{2n'}=7.78\times10^{-4}\ \text{mm}$$

例3 波长为500nm的单色光垂直照射到由两块光学平玻璃构成的空气劈尖上，在观察反射光的干涉现象中，距劈尖棱边 $l=1.56\text{cm}$ 的 A 处是从棱边算起的第四条暗条纹中心。

(1) 求此空气劈尖的劈尖角 θ；

(2) 改用600nm的单色光垂直照射到此劈尖上仍观察反射光的干涉条纹，则 A 处是明条纹还是暗条纹？

提示：此题要明白劈尖干涉产生明、暗纹的条件。

解：因是空气薄膜，有 $n_1>n_2<n_3$，且 $n_2=1$，

得 $$\delta=2e+\frac{\lambda}{2},$$

暗纹对应有 $$\delta=2e+\frac{\lambda}{2}=(2k+1)\frac{\lambda}{2},$$

所以 $$e=\frac{k\lambda}{2}$$

因第一条暗纹对应 $k=0$，故第 4 条暗纹对应 $k=3$

所以 $$e=\frac{3\lambda}{2}$$

(1) 空气劈尖角

$$\theta=\frac{e}{l}=\frac{3\lambda}{2l}=4.8\times10^{-5}\ \text{rad}$$

(2) 因
$$\frac{\delta}{\lambda'}=\frac{\left(2e+\frac{\lambda'}{2}\right)}{\lambda'}=\frac{3\lambda}{\lambda'}+\frac{1}{2}=3$$
即
$$\delta=3\lambda'$$

故 A 处为第三级明纹，棱边依然为暗纹。

例 4　用钠灯($\lambda=589.3\text{nm}$) 观察牛顿环，看到第 k 条暗环的半径为 $r=4\text{mm}$，第 $k+5$ 条暗环半径 $r=6\text{mm}$，求所用平凸透镜的曲率半径 R。

提示：此题应该明白牛顿环暗纹公式。

解：由牛顿环暗环公式 $r=\sqrt{kR\lambda}$，据题意有，

第 k 条暗环的半径　　$r_k=\sqrt{kR\lambda}=4\text{mm}$；

第 $k+5$ 条暗环半径　　$r_{k+5}=\sqrt{(k+5)R\lambda}=64\text{mm}$

解得：
$$R=6.79\text{m}$$

四、自　测　题

(一) 选择题

单色平行光垂直照射在薄膜上，经上下两表面反射的两束光发生干涉，如选择题 1 图所示，若薄膜的厚度为 e，且 $n_1<n_2>n_3$，λ_1 为入射光在 n_1 中的波长，则两束反射光的光程差为：

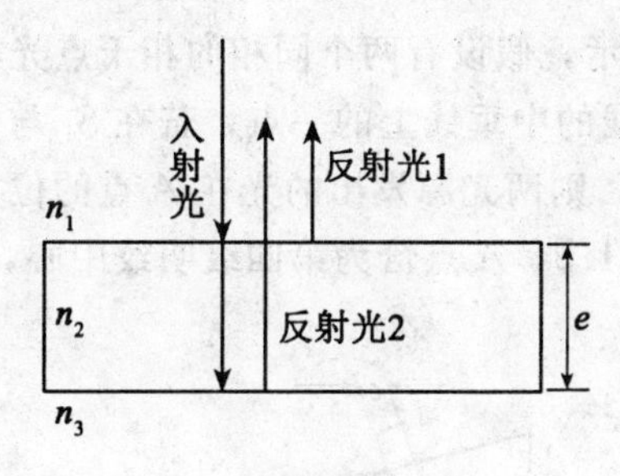

选择题图

(A) $2n_2e$；　　　　(B) $2n_2e-\lambda_1/(2n_1)$；

(C) $2n_2e-\frac{1}{2}n_1\lambda_1$；　　　　(D) $2n_2e-\frac{1}{2}n_2\lambda_1$。　　　　[　　　]

(二) 填空题

1. 单色平行光垂直入射到双缝上，观察屏上 P 点到双缝的距离分别为 r_1

和 r_2，设双缝和屏之间充满折射率为 n 的媒质，则 P 点处二相干光线的光程差为________。

2. 波长为 λ 的平行单色光垂直照射到透明薄膜上，膜厚为 e，折射率为 n，透明薄膜放在折射率为 n_1 的媒质中，$n_1 < n$，则上下两表面反射的两束反射光在相遇处的位相差 $\Delta\varphi=$________。

3. 在迈克耳孙干涉仪的可动反射镜移动了 d 的过程中，观察到干涉条纹移动了 N 条，则所用光波的波长 $\lambda=$________。

4. 如填空题 4 图所示，双缝干涉实验装置中两个缝用厚度均为 e，折射率分别为 n_1 和 n_2 的透明介质膜覆盖($n_1 > n_2$)，波长为 λ 的平行单色光斜入射到双缝上，入射角为 θ，双缝间距为 d，在屏幕中央 O 处($\overline{S_1O}=\overline{S_2O}$)，两束相干光的位相差 $\Delta\varphi=$________。

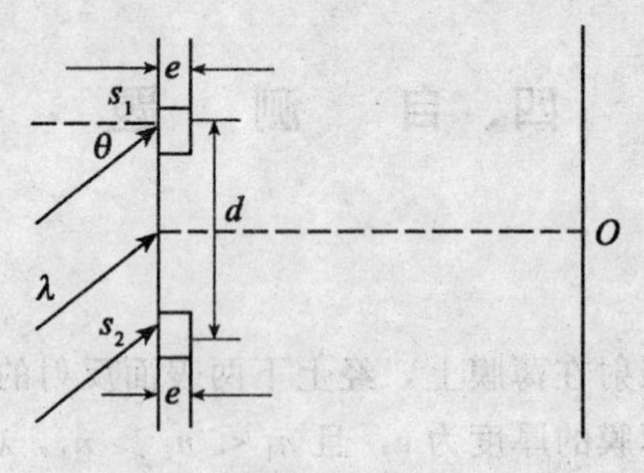

填空题 4 图

5. 如填空题 5 图所示，假设有两个同相的相干点光源 S_1 和 S_2，发出波长为 λ 的光，A 是它们连线的中垂线上的一点，若在 S_1 与 A 之间插入厚度为 e、折射率为 n 的薄玻璃片，则两光源发出的光在 A 点的位相差 $\Delta\varphi=$________，若已知 $\lambda=5000\text{Å}$，$n=1.5$，A 点恰为第四级明纹中心，则 $e=$________Å。

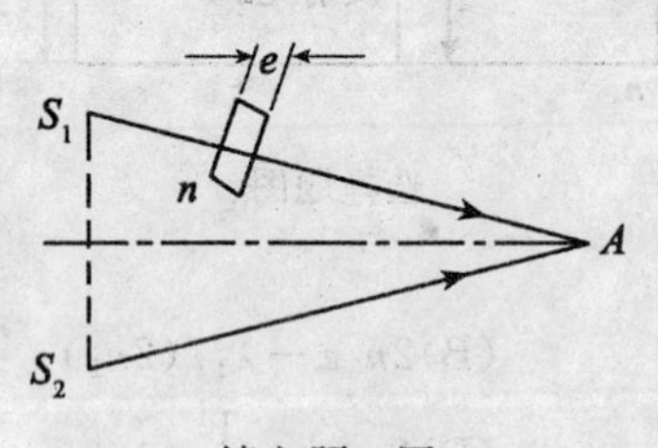

填空题 5 图

6. 已知在迈克耳孙干涉仪中使用波长为 λ 的单色光，在干涉仪的可动反射镜移动一距离 d 的过程中，干涉条纹将移动________条。

7. 光强均为 I_0 的两束相干光相遇而发生干涉时，在相遇区域内有可能出现的最大光强是________。

8. 维纳光驻波实验装置示意如填空题 8 图所示，MM 为金属反射镜；NN 为涂有极薄感光层的玻璃板，MN 与 NN 之间夹角 $\phi = 3.0\times10^{-4}\,\text{rad}$，波长为 λ 的平面单色光通过 NN 板垂直入射到 MM 金属反射镜上，则反射光与入射光在相遇区域形成光驻波，NN 板的感光层上形成对应于波腹波节的条纹，实验测得两个相邻的驻波波腹感光点 A，B 的间距 $\overline{AB}=1.0\,\text{mm}$，则入射光波的波长为____________ mm。

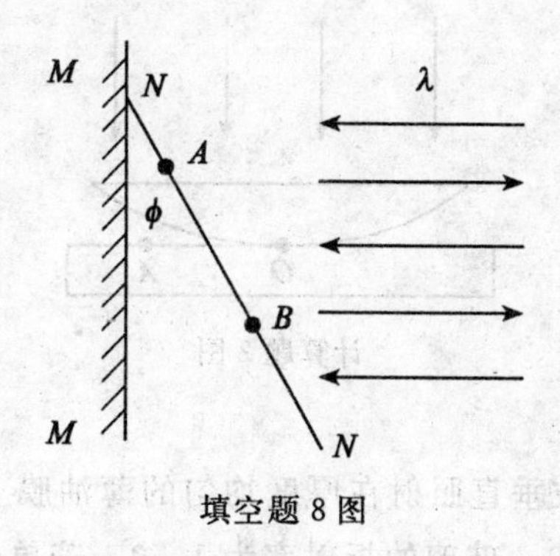

填空题 8 图

9. 如填空题 9 图所示，波长为 λ 的平行单色光斜入射到距离为 d 的双缝上，入射角为 θ，在图中的屏中央 O 处（$\overline{S_1O}=\overline{S_2O}$），两束相干光的位相差为________。

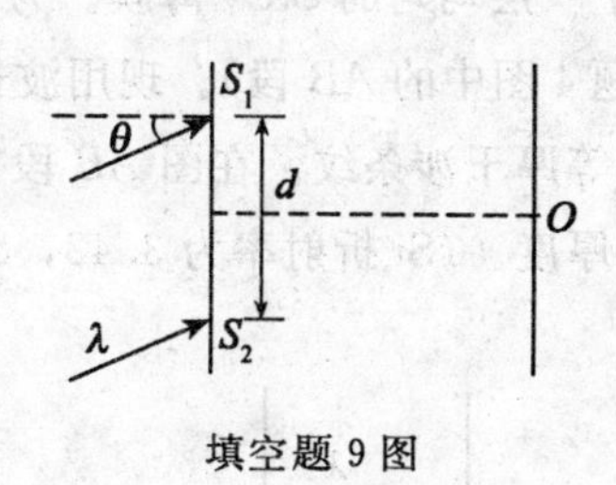

填空题 9 图

10. 在迈克尔孙干涉仪的可动反射镜平移一微小距离的过程中，观察到干涉条纹恰好移动 1848 条，所用单色光的波长为 5461Å，由此可知反射镜平移的距离等于________ mm。（给出四位有效数字）。

（三）计算题

1. 一双缝，缝距 $d=0.40\,\text{mm}$，用波长为 $\lambda=4800\,\text{Å}$ 的平行光垂直照射双

缝，双缝到屏幕的距离 $D=2.0\text{m}$。求在屏上双缝干涉条纹的间距 Δx。

2. 计算题2图为一牛顿环装置示意图，设平面凸透镜中心恰好和平玻璃接触，透镜凸表面的曲率半径是 $R=400\text{cm}$，用某单色平行光垂直入射，观察反射光形成的牛顿环，测得第五个明环的半径是 0.30cm。

(1) 求入射光的波长；

(2) 设图中 $OA=1.00\text{cm}$，求在半径为 OA 的范围内可观察到的明环数目。

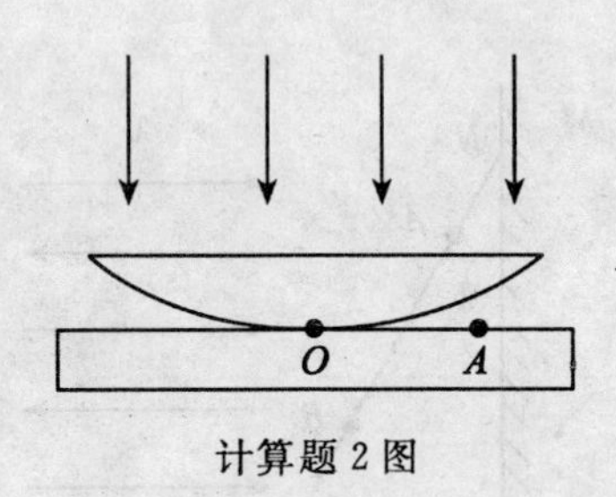

计算题 2 图

3. 一平面单色光波垂直照射在厚度均匀的薄油膜上，油膜覆盖在玻璃板上。油的折射率为 1.30，玻璃的折射率为 1.50，若单色光的波长可由光源连续可调，可观察到 5000Å 与 7000Å 这两个波长的单色光在反射中消失。试求油膜的厚度。

4. 在 Si 的平面上镀了一层均匀的 SiO_2 薄膜。为了测量薄膜厚度，将它的一部分磨成劈形(如计算题4图中的 AB 段)。现用波长为 6000Å 的平行光垂直照射，观察反射光形成的等厚干涉条纹。在图 AB 段共有 8 条暗纹，且 B 处恰好是一条暗纹，求薄膜的厚度。(Si 折射率为 3.42，SiO_2 折射率为 1.50)

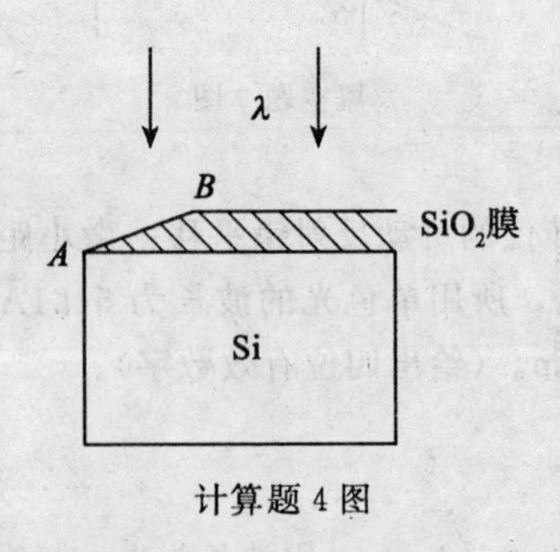

计算题 4 图

五、自测题参考答案

(一) 选择题

1. (C)

(二) 填空题

1. $n(r_2-r_1)$
2. $(4ne/\lambda-1)\pi$ [或$(4ne/\lambda+1)\pi$]
3. $2d/N$
4. $2\pi[d\sin\theta+(n_1-n_2)e]/\lambda$
5. $2\pi(n-1)e/\lambda$； 4×10^4
6. $2d/\lambda$
7. $4I_0$
8. 6.0×10^{-4}

参考解：

$\overline{AB}\cdot\sin\phi=\frac{1}{2}\lambda$

所以 $\lambda=2\,\overline{AB}\sin\phi$

$=2\times1.0\times3.0\times10^{-4}=6.0\times10^{-4}\text{mm}$

9. $2\pi d\sin\theta/\lambda$
10. 0.5046

(三) 计算题

1. 解：在双缝 S_1，S_2 的干涉中，由于在光路上放置透镜 L，不影响光程差。则在透镜焦平面上产生的干涉图样中，明条纹条件为：

$$(a+d)\sin\theta=k\lambda,\quad k=0,\ \pm1,\ \pm2,\ \cdots$$

因为

$$\tan\theta\approx\theta=\frac{x}{f}\approx\sin\theta$$

得：

$$(a+d)\cdot\frac{x}{f}=k\lambda$$

则相邻两明条纹间距：

$$\Delta x=x_{k+1}-x_k=\frac{f\lambda}{a+d}=\frac{4800\times10\times2}{(0.08+0.4)\times10^{-3}}=2\times10^{-5}\text{m}=2\times10^{-2}\text{mm}$$

2. 解：(1) 牛顿环的明条纹条件：$r=\sqrt{\dfrac{(2k-1)R\lambda}{2}}$，　$k=1, 2, 3, \cdots$

所以
$$\lambda=\frac{2r^2}{(2k-1)R}=\frac{2\times(0.3\times10^{-2})^2}{(2\times5-1)\times4}=5\times10^{-4}\,\text{mm}$$

(2) 因为 $r=\sqrt{\dfrac{(2k-1)R\lambda}{2}}$，所以 $2k-1=\dfrac{2r^2}{R\lambda}$

$$k=\frac{1}{2}\left(\frac{2r^2}{R\lambda}+1\right)=\frac{1\times10^{-4}}{4\times5\times10^{-7}}+0.5=50$$

3. 解：在玻璃油膜上、下表面反射光消失的条件为：

$$2n_2e=(2k+1)\frac{\lambda}{2},\quad k=1, 2, \cdots$$

λ_1 消失时：　$2n_2e=(2k_1+1)\dfrac{\lambda_1}{2}$，　$k_1=1, 2, \cdots$　(1)

λ_2 消失时：　$2n_2e=(2k_2+1)\dfrac{\lambda_2}{2}$，　$k_2=1, 2, \cdots$　(2)

由(1)、(2) 得：$7k_2=5k_1-1$

取最小组合得：　$k_1=3$，　$k_2=2$；

$$e=\frac{(2k_1+1)\lambda_1}{4n_2}=\frac{7\times5\times10^3}{4\times1.3}=6731\,\text{Å}$$

4. 解：劈尖干涉中相邻两条纹间的距离为 L，其劈尖对应的厚度差为 $\dfrac{\lambda}{2n_2}$。斜面上从劈尖 A 到 B 共有 8 根条纹，共 7 个间距，所以，

$$d=N\frac{\lambda}{2n_2}=7\times\frac{6\times10^3}{2\times1.50}=1.4\times10^4\,\text{Å}$$

第13章 光的衍射

一、基本要求

(1)理解惠更斯-菲涅耳原理。

(2)掌握单缝衍射和光栅衍射的特点和规律。

(3)了解圆孔衍射以及光学仪器的分辨本领。

二、内容提要

(1)惠更斯-菲涅耳原理：波阵面上的各点均可向外发射出子波，各子波在空间相遇时将会产生干涉。

(2)半波带：将单缝上的波阵面划分成若干个面积相等的部分，每一部分便称为一个波带；如波带边缘两侧的两条光线到屏上汇聚点的光程差为半个波长，则为半波带。

(3)单缝衍射出现明、暗纹的条件：

$$\delta = a\sin\theta = \begin{cases} \pm k\lambda，\text{暗纹}， \\ \pm (2k+1)\dfrac{\lambda}{2}，\text{明纹}， \end{cases} \qquad k=1，2，3，\cdots$$

式中，δ 代表单缝最边缘的两条光线到屏上会聚点的光程差。

(4) 光栅方程：当每两缝的对应光线在屏上会聚点的光程差满足：

$$(a+b)\sin\theta = \pm k\lambda， \quad k=0，1，2，3，\cdots$$

时，则会聚点的光强有最大值。

(5) 缺级：若某一位置满足光栅方程的明纹条件，而单缝衍射的某一级暗纹中心也正好在此，则该级谱线便不会出现，这种现象称为缺级，所满足的方程为：

$$k = \frac{a+b}{a}k'， \quad k'=1，2，3，\cdots$$

(6) 瑞利判据：若一个物点的艾里斑中心恰好与另一个物点的艾里斑边缘

重合，则这两个物点恰好能够被分辨。恰能被分辨时两物点对仪器物镜中心的张角称为光学仪器的最小分辨角：

$$\theta_0 = 1.22\lambda/D$$

(7) 光学仪器的分辨本领：最小分辨角的倒数称为光学仪器的分辨本领：

$$\frac{1}{\theta_0} = \frac{D}{1.22\lambda}$$

三、解题指导与例题

本章习题重点在于掌握单缝衍射的暗纹分布公式 $a\sin\theta = \pm k\lambda$ 及光栅衍射的明纹公式 $(a+b)\sin\theta = \pm k\lambda$，它们是确定衍射光谱线位置的重要公式。在利用上述公式求解问题时应该注意两点：一是式中的 k 是一个可变的整数，具体可取哪些值须视问题条件而定；二是一般情况下，θ 角值均很小，可作近似处理：$\sin\theta \approx \tan\theta \approx \theta$。

例 1　如单缝夫琅禾费衍射的第一级暗纹发生在衍射角为 $\theta = 30°$ 的方位上，所用单色光波长为 $\lambda = 5000\text{Å}$，求单缝的宽度。

解：由单缝衍射暗纹公式

$$a\sin\theta = k\lambda \quad 有\ a = \frac{k\lambda}{\sin\theta}$$

对 $k=1$，$\theta = 30°$，$\lambda = 5000\text{Å}$

$$a = \frac{\lambda}{\sin\theta} = \frac{5\times10^{-5}}{\sin30°}(\text{cm}) = 1(\mu\text{m})$$

例 2　波长为 6000Å 的单色光垂直入射到一光栅上，第二和第三级明纹分别出现在 $\sin\theta_2 = 0.20$ 和 $\sin\theta_3 = 0.30$ 处，第四级缺级，求：

(1) 光栅常数是多少；

(2) 狭缝最小可能宽度有多大；

(3) 按上述选定的 a、b 值，实际呈现的全部级次为多少。

解：(1) 由光栅公式　$(a+b)\sin\theta = k\lambda$

第二级　$k=2$，$\sin\theta_2 = 0.20$，$\lambda = 6000\text{Å}$

有　$(a+b)\sin\theta_2 = 2\lambda$

$$(a+b) = \frac{2\lambda}{\sin\theta_2} = \frac{2\times6\times10^{-7}}{0.2}(\text{m}) = 6(\mu\text{m})$$

(2) 由光栅公式和单缝衍射暗纹公式，得缺级公式：$\dfrac{a+b}{a} = \dfrac{k}{k'}$，$k' = 1, 2, 3, \cdots$

a 最小时，$k'=1$，其中 $k=4$

有 $a+b=4a$，得 $b=3a$

代入 $a+b=6(\mu m)$，得 $a=1.5(\mu m)$

(3) 由光栅公式 $\theta \to \frac{\pi}{2}$ 时 $\sin\theta=1$

有 $k=\left[\frac{a+b}{\lambda}\right]$（方括号表示取整）

$$k=\left[\frac{6}{0.6}\right]=10$$

因第 4、8 级缺级，$\varphi=\frac{\pi}{2}$ 时，第 10 级无法观测，则所呈现的全部级次为：0，±1，±2，±3，±5，±6，±7，±9 级。

例 3 一束具有两种波长 λ_1 和 λ_2 的平行光垂直照射到一衍射光栅上，测得波长 λ_1 的第三级主极大衍射角和 λ_2 的第四级主极大衍射角均为 30°。已知 $\lambda_1=560\text{nm}(1\text{nm}=10^{-9}\text{m})$，试求：

(1) 光栅常数 $a+b$；

(2) 波长 λ_2。

解：(1) 由光栅衍射主极大公式得

$$(a+b)\sin 30°=3\lambda_1$$

$$a+b=\frac{3\lambda_1}{\sin 30°}=3.36\times10^{-4}\text{cm}$$

(2)
$$(a+b)\sin 30°=4\lambda_2$$

$$\lambda_2=(a+b)\sin 30°/4=420\text{nm}$$

例 4 某天文望远镜的通光孔径为 2.5m，则能被它分辨的双星的最小夹角是多少？（设波长为 5500Å）

解：由圆孔的最小分辨角公式

$$\theta_0=1.22\frac{\lambda}{D}$$

其中：$\lambda=5500\text{Å}$，$D=2.5(\text{m})$

所以：$\theta_0=1.22\frac{\lambda}{D}=1.22\times\frac{5.5\times10^{-7}}{2.5}(\text{rad})=2.68\times10^{-7}(\text{rad})$

四、自 测 题

(一) 选择题

1. 根据惠更斯-菲涅耳原理，若已知光在某时刻的波阵面为 S，则 S 的前方

某点 P 的光强度决定于波阵面 S 上所有面积元发出的子波各自传到 P 点的：

(A) 振动振幅之和；　　　　　(B) 光强之和；

(C) 振动振幅之和的平方；　　(D) 振动的相干叠加。　[　]

2. 某元素的特征光谱中含有波长分别为 $\lambda_1 = 450\text{nm}$ 和 $\lambda_2 = 750\text{nm}$ ($1\text{nm} = 10^{-9}\text{m}$) 的光谱线。在光栅光谱中，这两种波长有重叠现象，重叠处 λ_2 的谱线的级数将是：

(A) 2，3，4，5，…；

(B) 2，5，8，11，…；

(C) 2，4，6，8，…；

(D) 3，6，9，12，…。　[　]

(二) 填空题

1. 惠更斯引入________的概念提出了惠更斯原理，菲涅耳再用________的思想补充了惠更斯原理，发展成了惠更斯－菲涅耳原理。

(三) 计算题

1. 有一单缝，宽 $a = 0.10\text{mm}$，在缝后放一焦距为 50cm 的会聚透镜。用平行绿光($\lambda = 5460\text{Å}$) 垂直照射单缝，求位于透镜焦面处的中央明条纹的宽度。如把此装置浸入水中(水的折射率 $n = 1.33$)，则中央明条纹的宽度如何变化？

2. 在圆孔的夫琅禾费衍射中，设圆孔半径为 0.10mm，透镜焦距为 50cm，所用单色光波长为 5000Å，求在透镜焦平面处屏幕上呈现的艾里斑半径。如果圆孔半径改为 1.0mm，其他条件不变(包括入射光能流密度保持不变)，则艾里斑半径将变为多大？

3. 波长为 6000Å 的单色光垂直入射在一光栅上。第二、第三级明条纹分别出现在 $\sin\phi = 0.20$ 与 $\sin\phi = 0.30$ 处，第四级缺级。试问：

(1) 光栅上相邻两缝的间距是多少？

(2) 光栅上狭缝的宽度有多大？

(3) 按上述选定的 a，b 值，在 $90° < \phi \leqslant -90°$ 范围内，实际呈现的全部级数是多少？

4. 在迎面驶来的汽车上，两盏前灯相距 120cm，则汽车在离人多远的地方，眼睛恰可分辨这两盏灯？设夜间人眼瞳孔直径为 5.0mm，入射光波长 $\lambda = 5500\text{Å}$。(这里仅考虑人眼瞳孔的衍射效应)

五、自测题参考答案

(一) 选择题

1. (D)；2. (D)

(二) 填空题

1. 子波；　　　子波干涉(或答"子波相干叠加")

(三) 计算题

1. 解：单缝衍射的中央明条纹的宽度为 $2x_1$，由衍射公式：

$$a\sin\theta = \lambda$$

因为 θ 很小，$\tan\theta \approx \theta = \frac{x_1}{f} = \sin\theta$

所以 $\lambda = a\frac{x_1}{f}$　$2x_1 = \frac{2f\lambda}{a} = \frac{2\times 5460\times 10^{-10}\times 0.5}{0.1\times 10^{-3}} = 5.46\text{mm}$

放入水中后：$a\sin\theta = \lambda_{水} = \frac{\lambda}{n}$

$$2x_1 = \frac{2f\lambda}{a} = \frac{2\times 5460\times 10^{-10}\times 0.5}{0.1\times 10^{-3}\times 1.33} = 4.11\text{mm}$$

2. 解：圆孔衍射第一级极小值满足：$\sin\theta = 1.22\frac{\lambda}{D}$

因为 θ 很小，$\sin\theta \approx \theta \approx \tan\theta \approx \frac{x}{f}$

所以：$x = 1.22\frac{f\lambda}{D} = 1.22\times\frac{5\times 10^{-7}\times 0.5}{2\times 0.1\times 10^{-3}} = 1.525\times 10^{-3}\text{m}$

当 D 改为 2mm 时，$x = 0.1525\text{mm}$

3. 解：(1) 干涉的明条纹条件：$(a+b)\sin\phi = k\lambda$，$k = 0$，± 1，± 2，…

对第二级明条纹：$(a+b)\times 0.2 = 2\lambda$，$a+b = 10\lambda = 6\times 10^{-6}(\text{m})$

由缺级条件：$\frac{k}{k'} = \frac{a+b}{a} = \frac{4}{1}$，得

$$b = \frac{3\times 6\times 10^{-6}}{4} = 4.5\times 10^{-6}(\text{m})$$

(2) 狭缝宽度为：$a = 6\times 10^{-6} - 4.5\times 10^{-6} = 1.5\times 10^{-6}(\text{m})$

(3) 因为 $\varphi = 90°$，所以 $k = \frac{(a+b)\sin\varphi}{\lambda} = \frac{6\times 10^{-6}}{6\times 10^{-7}} = 10$(级)

实际呈现的级数为：0、1、2、3、5、6、7、9、10；其中第4、8级为缺级。

4. 解：设汽车前灯间距为L，距人为S，则

$$S=\frac{L}{\delta\varphi}=\frac{L}{1.22\,\frac{\lambda}{d}}=\frac{1.2}{1.22\,\frac{550\times10^{-10}}{5\times10^{-3}}}=8.94(\mathrm{km})$$

第14章 光的偏振

一、基本要求

(1)理解偏振光概念，理解光的不同偏振状态，理解偏振光的获取与检验。

(2)掌握马吕斯定律和布儒斯特定律。

(3)了解双折射现象，了解旋光现象。

(4)了解偏振光的干涉。

二、内容提要

(1)光的偏振性：振动方向对于传播方向的不对称性称为偏振性。只有横波才具有偏振现象，偏振现象是横波区别于纵波的一个最明显的特征。

①自然光：在与传播方向垂直的平面内，光矢量的振动均匀地分布在所有的方向，而且各方向的振幅相等，即光矢量关于传播方向对称。

线偏振光：在垂直于光传播方向的平面内，光的振动被限制在某一确定的方向，则光矢量端点的运动轨迹为直线。

部分偏振光：在垂直于光传播方向的平面内，各方向的振动都存在，但振幅不等。

②偏振片：一种人工透明膜片，其中有一个特殊的方向，当一束自然光射到膜片上时，与此方向垂直的光振动分量完全被吸收，只让平行于该方向的光振动分量通过，从而获得线偏振光。这个特殊方向叫做偏振片的偏振化方向。

(2) 马吕斯定律：光强为 I_0 的线偏振光通过偏振片后，光强变为：

$$I = I_0 \cos^2\alpha$$

式中 α 为线偏振光的光矢量振动方向与偏振片的偏振化方向的夹角。

(3) 布儒斯特定律：自然光从折射率为 n_1 的介质入射到折射率为 n_2 的介质时，若使得反射光和折射光互相垂直，则反射光变为线偏振光，此时，入射角为：

$$\tan i_b = \frac{n_2}{n_1}$$

i_b 称为起偏角或布儒斯特角。

(4) 自然光射向石英、方解石等各向异性晶体表面时，将在晶体内沿不同的方向产生两束折射光，这种现象称为双折射现象。被方解石折射的两束光线是光矢量振动方向不同的线偏振光，其中一束折射光始终在入射面内，遵循折射定律，称为寻常光，简称 o 光；另一束折射光通常不在入射面内，不遵循折射定律，称为非常光，简称 e 光。

三、解题指导与例题

(1) 在马吕斯定律中，应注意入射光线必须是线偏振光，通常由自然光通过偏振片获取线偏振光，而从偏振片透出的光的光强为入射自然光的一半。当一个光学系统有多个偏振片时，要注意看清偏振化方向之间的夹角，对光强认真逐级计算。

(2) 学习布儒斯特定律时应注意：

① 反射光为振动方向垂直入射面的线偏振光，折射光并非振动方向平行入射面的线偏振光，而是平行入射面的振动占优势的部分偏振光。

② 布儒斯特角

$$i_b = \arctan \frac{n_2}{n_1}$$

只与两种介质的折射率有关，且要注意分子上是折射光所在介质的折射率，不可记错。

③ 在应用布儒斯特定律的过程中，可能会涉及几何光学中的折射定律，要注意理清各光线的几何关系。

例1 强度为 I_0 的一束光垂直入射到两个叠在一起的偏振片上，这两个偏振片的偏振化方向之间的夹角为 60°。若这束入射光是由强度相等的线偏振光和自然光混合而成的，且线偏振光的光矢量振动方向与此二偏振片的偏振化方向皆成 30° 角，求透过每个偏振片后的光束强度。

解：据题意，入射光中，线偏振光和自然光光强各为 $\frac{I_0}{2}$，

透过第一个偏振片后的光强为：

$$I_1 = \frac{I_0}{2}\cos^2 30° + \frac{I_0}{2} \times \frac{1}{2} = \frac{5I_0}{8}$$

所有光线通过第一个偏振片后都变为线偏振光，故透过第二个偏振片后的光强为：

$$I_2=\frac{5I_0}{8}\cos^2 60^\circ=\frac{5I_0}{32}。$$

例 2　两个偏振片叠在一起，在它们的偏振化方向成 $\alpha_1=30^\circ$ 时，观测一束单色自然光，又在 $\alpha_2=45^\circ$ 时，观测另一束单色自然光。若两次所测得的透射光强度相等，求两次入射自然光的强度之比。

解：设两次入射自然光的强度分别为 I_1 和 I_2，第一次观测，透射光强度为：

$$I_1'=\frac{I_1}{2}\cos^2 30^\circ=\frac{3I_1}{8}$$

第二次观测，透射光强度为：

$$I_2'=\frac{I_2}{2}\cos^2 45^\circ=\frac{I_2}{4}$$

由题意知：$I_1'=I_2'$，得：

$$\frac{I_1}{I_2}=\frac{2}{3}$$

例 3　如例 3 图所示，三种透光媒质 Ⅰ、Ⅱ、Ⅲ，其折射率分别为 $n_1=1.33$，$n_2=1.50$，$n_3=1$。两个交界面相互平行，一束自然光自媒质 Ⅰ 中入射到 Ⅰ 与 Ⅱ 的交界面上，若反射光为线偏振光，则：

(1) 求入射角 i 的大小；

(2) 媒质 Ⅱ、Ⅲ 界面上的反射光是不是线偏振光？为什么？

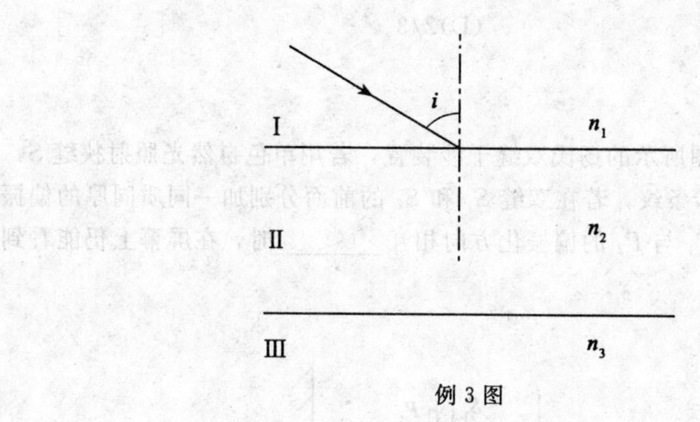

例 3 图

解：(1) 根据布儒斯特定律，有

$$\tan i=\frac{n_2}{n_1}=\frac{1.50}{1.33}，得：i=48.44^\circ。$$

(2) 令媒质 Ⅱ 中的折射角为 r，则 $r=\frac{\pi}{2}-i=41.56^\circ$，

此 r 在数值上等于在 Ⅱ、Ⅲ 界面上的入射角。

若 Ⅱ、Ⅲ 界面上的反射光是线偏振光，则必满足布儒斯特定律，即

$$\tan i_0=\frac{n_3}{n_2}=\frac{1}{1.50}，得：i=33.69°。$$

因为 $r\neq i_0$，故 Ⅱ、Ⅲ 界面上的反射光不是线偏振光。

四、自 测 题

(一) 选择题

1. 两偏振片堆叠在一起，一束自然光垂直入射其上时没有光线通过，当其中一偏振片慢慢转动 180° 时透射光强度发生的变化为：

(A) 光强单调增加；

(B) 光强先增加，后又减小至零；

(C) 光强先增加，后减小，再增加；

(D) 光强先增加，然后减小，再增加，再减小至零。 [ ]

2. 一束光是自然光和线偏振光的混合光，让它垂直通过一偏振片，若以此入射光束为轴旋转偏振片，测得透射光强度最大值是最小值的 5 倍，那么入射光束中自然光与线偏振光的光强比值为

(A)1/2； (B)1/5；

(C)1/3； (D)2/3。 [ ]

(二) 填空题

1. 如填空题 1 图所示的扬氏双缝干涉装置，若用单色自然光照射狭缝 S，在屏幕上能看到干涉条纹，若在双缝 S_1 和 S_2 的前面分别加一同质同厚的偏振片 P_1 和 P_2，则当 P_1 与 P_2 的偏振化方向相互________时，在屏幕上仍能看到很清晰的干涉条纹。

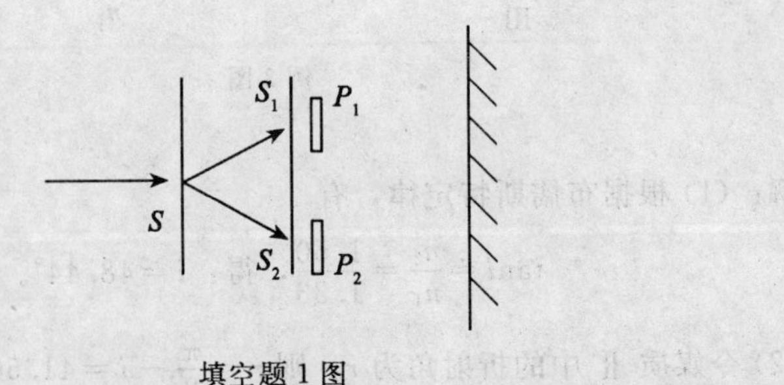

填空题 1 图

2. 如填空题 2 图所示，在以下五个图中，前四个图表示线偏振光入射于两种介质分界面上，最后一图表示入射光是自然光。n_1，n_2 为两种介质的折射率，图中入射角 $i_0=\arctan(n_2/n_1)$，$i\neq i_0$。试在图上画出实际存在的折射光线和反射光线，并用点或短线把振动方向表示出来。

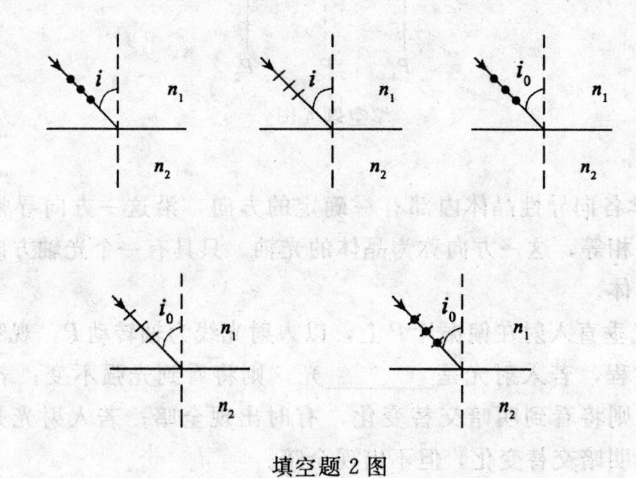

填空题 2 图

3. 用方解石晶体($n_0>n_e$)切成一个顶角 $A=30°$ 的三棱镜，其光轴方向如填空题 3 图所示，若单色自然光垂直 AB 面入射(见图)，试定性地画出在棱镜内外折射光的光路，并画出光矢量的振动方向。

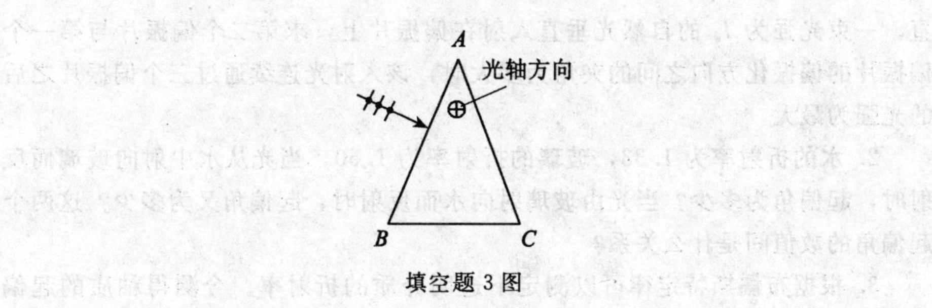

填空题 3 图

4. 如填空题 4 图所示，P_1，P_2 为偏振化方向间夹角为 α 的两个偏振片，光强为 I_0 的平行自然光垂直入射到 P_1 表面上，则通过 P_2 的光强 $I=$ ________，若在 P_1，P_2 之间插入第三个偏振片 P_3，则通过 P_2 的光强发生了变化。实验发现，以光线为轴旋转 P_2，使其偏振化方向旋转一角度 θ 后，发生消光现象，从而可以推算出 P_3 的偏振化方向与 P_1 的偏振化方向之间的夹角 $\alpha'=$ ________。(假设题中所涉及的角均为锐角，且设 $\alpha'<\alpha$)

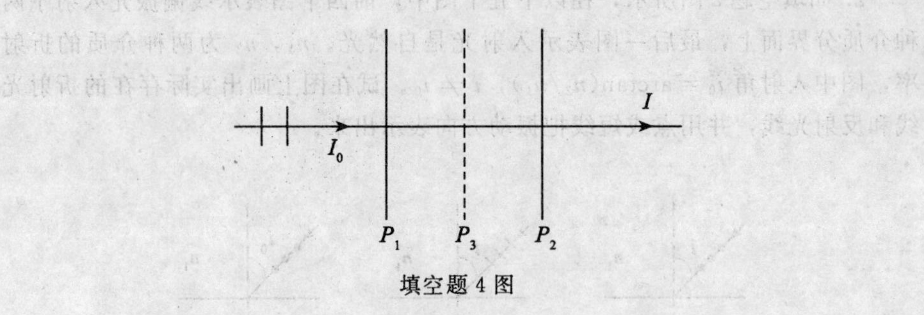

填空题 4 图

5. 在光学各向异性晶体内部有一确定的方向，沿这一方向寻常光和非常光的________相等，这一方向称为晶体的光轴。只具有一个光轴方向的晶体称为________晶体。

6. 一束光垂直入射在偏振片 P 上，以入射光线为轴转动 P，观察通过 P 的光强的变化过程，若入射光是________光，则将看到光强不变；若入射光是________光，则将看到明暗交替变化，有时出现全暗；若入射光是________光，则将看到明暗交替变化，但不出现全暗。

7. 一束自然光以布儒斯特角入射到平板玻璃片上，就偏振状态来说则反射光为________，反射光 $\boldsymbol{E}$ 矢量的振动方向________，透射光为________。

(三) 计算题

1. 有三个偏振片叠在一起，已知第一个与第三个的偏振化方向相互垂直。一束光强为 I_0 的自然光垂直入射在偏振片上，求第二个偏振片与第一个偏振片的偏振化方向之间的夹角为多大时，该入射光连续通过三个偏振片之后的光强为最大。

2. 水的折射率为 1.33，玻璃的折射率为 1.50，当光从水中射向玻璃而反射时，起偏角为多少？当光由玻璃射向水而反射时，起偏角又为多少？这两个起偏角的数值间是什么关系？

3. 根据布儒斯特定律可以测定不透明介质的折射率。今测得釉质的起偏角 $i_0=58°$，试求它的折射率。

五、自测题参考答案

(一) 选择题

1. (B)；2. (A)

(二) 填空题

1. 平行或接近平行
2. 答案见图

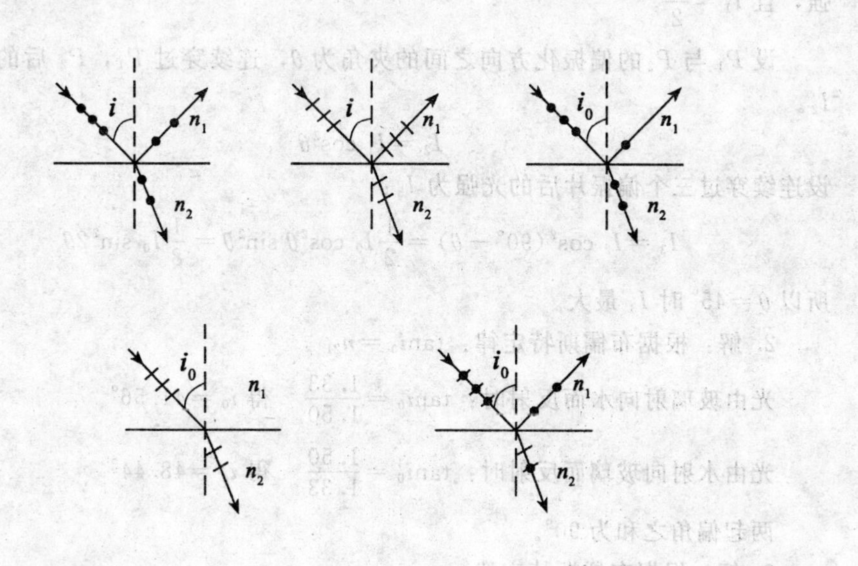

3. 答案见图

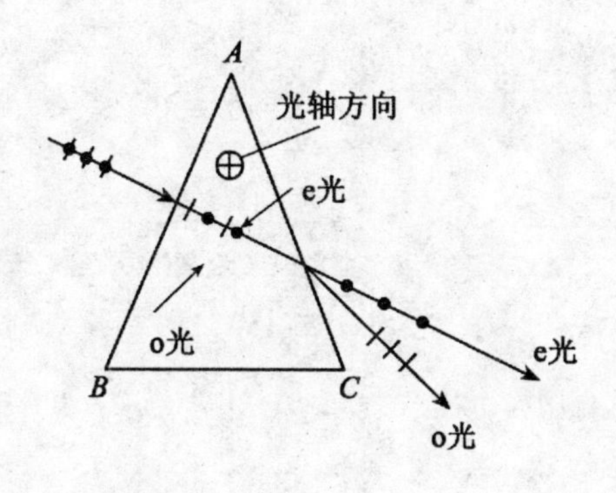

4. $\frac{1}{2}I_0\cos^2\alpha$；

$\alpha+\theta-\frac{1}{2}\pi$　或　$\alpha+\theta-90^\circ$

5. 传播速度；　　单轴
6. 自然光；　　线偏振光；　　部分偏振光
7. 完全(线) 偏振光；　　垂直于入射面；　　部分偏振光

(三) 计算题

1. 解：以 P_1，P_2，P_3 分别表示三个偏振片，I_1 为透过第一个偏振片的光强，且 $I_1=\frac{I_0}{2}$。

设 P_1 与 P_2 的偏振化方向之间的夹角为 θ，连续穿过 P_1，P_2 后的光强为 I_2。

$$I_2=I_1\cos^2\theta$$

设连续穿过三个偏振片后的光强为 I_3：

$$I_3=I_2\cos^2(90°-\theta)=\frac{1}{2}I_0\cos^2\theta\sin^2\theta=\frac{1}{8}I_0\sin^2 2\theta$$

所以 $\theta=45°$ 时 I_3 最大。

2. 解：根据布儒斯特定律：$\tan i_0=n_{21}$

光由玻璃射向水而反射时：$\tan i_0=\frac{1.33}{1.50}$　得 $i_0=41.56°$

光由水射向玻璃而反射时：$\tan i_0=\frac{1.50}{1.33}$　得 $i_0=48.44°$

两起偏角之和为 90°。

3. 解：根据布儒斯特定律：$\tan i_0=n_{21}$

$n_2=n_1\tan i_0=1\times\tan 58°=1.60$

第15章 狭义相对论

一、基本要求

(1)理解爱因斯坦狭义相对论的两个基本假设。

(2)理解洛仑兹变换，并了解其与伽利略变换的关系。

(3)了解同时性的相对性以及时空量度的相对性。

(4)掌握长度收缩和时间延缓的概念，并能进行相应计算。

(5)了解相对论时空观和绝对时空观的根本区别。

(6)理解相对论质量、动量、动能、能量的概念，以及质能关系式、能量和动量关系式，并能分析计算一些简单问题。

二、内容提要

1. 力学相对性原理

牛顿力学规律在一切惯性系中形式相同。

2. 伽利略变换

伽利略变换式是在牛顿绝对时空观基础上给出的时空坐标变换关系式。设S'系相对S系以速率u沿x轴匀速运动，两参照系的y与y'，z与z'轴平行，x与x'轴重合。设$t=t'=0$时，坐标原点重合，则伽利略坐标变换式为：

$$\begin{cases} x' = x - ut \\ y' = y \\ z' = z \\ t' = t \end{cases}$$

伽利略速度变换关系：$\boldsymbol{v}' = \boldsymbol{v} - \boldsymbol{u}$

伽利略加速度变换关系：$\boldsymbol{a}' = \boldsymbol{a}$

牛顿力学观点：质量和力与参照系(运动)无关，即

$$\boldsymbol{F}' = \boldsymbol{F},\ m' = m$$

3. 爱因斯坦的狭义相对论基本假设

爱因斯坦相对性原理：一切物理学的基本规律(无论力学的、电磁学的、光学的 ……) 在所有惯性系中形式相同。

光速不变原理：真空中光的速率与发射体的运动无关，在所有惯性系中均为 c。

4. 洛仑兹变换

洛仑兹坐标变换：

正变换：$\begin{cases} x'=\gamma(x-ut) \\ y'=y \\ z'=z \\ t'=\gamma\left(t-\dfrac{\beta}{c}x\right) \end{cases}$　　逆变换：$\begin{cases} x=\gamma(x'+ut') \\ y=y' \\ z=z' \\ t=\gamma\left(t'+\dfrac{\beta}{c}x'\right) \end{cases}$

其中，$\beta\equiv\dfrac{u}{c}$，$\gamma\equiv\dfrac{1}{\sqrt{1-\beta^2}}$

洛仑兹速度变换：$\begin{cases} \nu'_x=\dfrac{\nu_x-u}{1-\dfrac{\nu_x u}{c^2}} \\ \nu'_y=\dfrac{\nu_y\sqrt{1-u^2/c^2}}{1-\dfrac{u\nu_x}{c^2}} \\ \nu'_z=\dfrac{\nu_z\sqrt{1-u^2/c^2}}{1-\dfrac{u\nu_x}{c^2}} \end{cases}$

洛仑兹速度逆变换，变换量互换，且 $u\rightarrow -u$。

5. 时间延缓

若两事件在某惯性系中测量先后发生于同一地点，其时间间隔称为原时，则在另一惯性系中测量的时间间隔(称为两地时) 必定大于原时，这就叫时间膨胀。换言之，对两事件时间间隔的测量依惯性系不同而不同，其中以原时为最短。

通常以 τ 表示原时，Δt 表示两地时，则有

$$\Delta t=\frac{\tau}{\sqrt{1-\dfrac{u^2}{c^2}}}>\tau$$

6. 长度缩短

长度的测量和参照系有关，以原长(静长) 为最长，在其他惯性系中沿运动方向长度缩短。运动长度 l 与原长 l_0 的关系为

$$l=\frac{l_0}{\gamma}=l_0\sqrt{1-\frac{u^2}{c^2}}$$

7. 同时性的相对性

对两相对运动的惯性系，如在其中一惯性系中测量两事件在不同地点同时发生，则在另一惯性系中测量两事件不同时，而是处于前一惯性系运动后方的事件先发生。这一结论称为同时性的相对性。

时序和因果律：一般情况下，两事件的时间间隔在不同参照系中测量不相同，甚至可能发生时序颠倒。但是，如果两事件间有因果关系，则时序永不可能颠倒。

时空不变量：伽利略变换中，时间间隔和空间间隔分别都是不变量；洛仑兹变换中，时间间隔和空间间隔分别都会发生改变，只有时空间隔为洛仑兹不变量。

8. 相对论质量和动量

相对论质量：
$$m=\frac{m_0}{\sqrt{1-\frac{v^2}{c^2}}}=\gamma m_0$$

式中 m_0 为粒子静止质量，m 为粒子以速率 v 运动时的质量。

相对论动量：
$$\boldsymbol{P}=\frac{m_0\boldsymbol{v}}{\sqrt{1-\frac{v^2}{c^2}}}$$

9. 狭义相对论运动方程

$$\boldsymbol{F}=\frac{\mathrm{d}\boldsymbol{P}}{\mathrm{d}t}=m\frac{\mathrm{d}\boldsymbol{v}}{\mathrm{d}t}+\boldsymbol{v}\frac{\mathrm{d}m}{\mathrm{d}t}$$

10. 相对论性能量

相对论动能：　$E_k=mc^2-m_0c^2$

相对论静能：　$E_0=m_0c^2$

相对论总能量：　$E=mc^2=m_0c^2+E_k$

相对论质能关系：　$\Delta E=\Delta(mc^2)=c^2\Delta m$

相对论动量能量关系：　$E^2=P^2c^2+m_0^2c^4=P^2c^2+E_0^2$

对光子，$m_0=0$，$E=Pc$，$P=\frac{E}{c}=\frac{h\nu}{c}$，$m=\frac{E}{c^2}=\frac{h\nu}{c^2}$

三、解题指导与例题

(一) 洛仑兹变换的应用

例 1　S' 系相对 S 系以速率 $u=0.6c$ 运动。有两个事件，在 S 系中测量：

$x_1=0$，$t_1=0$；$x_2=3000\text{m}$，$t_2=4\times10^{-6}\text{s}$，求 S' 系中测量的相应时空坐标。

解：将 $\gamma=\dfrac{1}{\sqrt{1-\dfrac{u^2}{c^2}}}=1.25$ 代入洛仑兹变换式，得

$$x'_1=\gamma(x_1-ut_1)=0$$

$$t'_1=\gamma(t_1-ux_1/c^2)=0$$

$$x'_2=\gamma(x_2-ut_2)=2.85\times10^3\text{m}$$

$$t'_2=\gamma(t_2-ux_2/c^2)=-2.5\times10^{-6}\text{s}$$

S' 系中测量 t'_2(负值) $<t'_1$(零)，表明其中事件的时间顺序与 S 系中相比发生了颠倒。

例 2　在惯性系 K 中，有两个事件同时发生在 x 轴上相距 1000m 的两点，而在另一惯性系 K'(沿 x 轴方向相对于 K 系运动) 中测得这两个事件发生的地点相距 2000m。求在 K' 系中测得这两个事件的时间间隔。

解：根据洛仑兹变换公式

$$x'=\frac{x-ut}{\sqrt{1-(u/c)^2}}$$

可得 $x'_2=\dfrac{x_2-ut_2}{\sqrt{1-(u/c)^2}}$，$x'_1=\dfrac{x_1-ut_1}{\sqrt{1-(u/c)^2}}$

在 K 系，两事件同时发生，$t_1=t_2$

则　$x'_2-x'_1=\dfrac{x_2-x_1}{\sqrt{1-(u/c)^2}}$

$$\sqrt{1-(u/c)^2}=(x_2-x_1)/(x'_2-x'_1)=\frac{1}{2}$$

解得　$$u=\sqrt{3}c/2$$

在 K' 系上述两事件不同时发生，设分别发生于 t'_1 和 t'_2 时刻。由洛仑兹变换公式，有

$$t'_1=\frac{t_1-ux_1/c^2}{\sqrt{1-(u/c)^2}},\qquad t'_2=\frac{t_2-ux_2/c^2}{\sqrt{1-(u/c)^2}}$$

由此得　$t'_1-t'_2=\dfrac{u(x_2-x_1)/c^2}{\sqrt{1-(u/c)^2}}=5.77\times10^{-6}\text{s}$

例 3　观测者甲和乙分别静止于两个惯性参照系 K 和 K' 中，甲测得在同一地点发生的两个事件间隔为 4s，而乙测得这两个事件的时间间隔为 5s。求：

(1) K' 相对于 K 的运动速度；

(2) 乙测得这两个事件发生的地点的距离。

解：设 K' 相对与 K 沿 $x(x')$ 轴方向的运动速度为 u，则根据洛仑兹变换公式，有

$$t'=\frac{t-ux/c^2}{\sqrt{1-(u/c)^2}},\quad x'=\frac{x-ut}{\sqrt{1-(u/c)^2}}$$

$$(1)t'_1=\frac{t_1-ux_1/c^2}{\sqrt{1-(u/c)^2}},\quad t'_2=\frac{t_2-ux_2/c^2}{\sqrt{1-(u/c)^2}}$$

因两个事件在 K 系中同一点发生，即 $x_1=x_2$

所以
$$t'_2-t'_1=\frac{t_2-t_1}{\sqrt{1-(u/c)^2}}$$

解得
$$u=[1-(t_2-t_1)^2/(t'_2-t'_1)^2]^{1/2}c=(3/5)c=1.8\times10^8\text{m/s}$$

$$(2)x'_1=\frac{x_1-ut_1}{\sqrt{1-(u/c)^2}},\quad x'_2=\frac{x_2-ut_2}{\sqrt{1-(u/c)^2}}$$

因为 $x_1=x_2$

所以 $x'_1-x'_2=\dfrac{u(t_2-t_1)}{\sqrt{1-(u/c)^2}}=\dfrac{3}{4}c(t_2-t_1)=9\times10^8\text{m}$

(二) 同时性的相对性、时间膨胀、长度收缩

例 4　坐标轴相互平行的两惯性系 S，S'，S' 相对 S 沿 x 轴匀速运动。现有两事件发生，在 S 中测得其空间间隔为 $\Delta x=5.0\times10^6\text{m}$，时间间隔为 $\Delta t=0.010\text{s}$。而在 S' 中观测二者却是同时发生，那么其空间间隔 $\Delta x'$ 是多少？

解：设 S' 相对 S 的速度为 u，在 S' 中

$$\Delta t'=0=\frac{\Delta t-u\Delta x/c^2}{\sqrt{1-(u/c)^2}}$$

所以

$$\Delta t-u\Delta x/c^2=0$$

即

$$u=\Delta tc^2/\Delta x$$

在 S 中，
$$\Delta x=\frac{\Delta x'+u\Delta t'}{\sqrt{1-(u/c)^2}}=\frac{\Delta x'}{\sqrt{1-(u/c)^2}}$$

所以
$$\Delta x'=\Delta x\sqrt{1-(u/c)^2}=\Delta x\sqrt{1-\frac{\Delta t^2c^4}{c^2\Delta x^2}}$$
$$=\sqrt{\Delta x^2-c^2\Delta t^2}=4\times10^6\text{m}$$

例 5　一固有长度 $L_0=90\text{m}$ 的飞船，沿船长方向相对地球以 $v=0.80\text{c}$ 的

速度在一观测站的上空飞过，该站测得飞船长度及船身通过观测站的时间间隔各是多少？船中宇航员测前述时间间隔又是多少？

解：观测站测飞船长为

$$L = L_0\sqrt{1-(\nu/c)^2} = 54\,\mathrm{m}$$

飞船通过观测站的时间为 $\Delta t = \dfrac{L}{\nu} = 2.25\times10^{-7}\,\mathrm{s}$

该过程对宇航员而言，是观测站以速度 ν 通过 L_0，所以

$$\Delta t = L_0/\nu = 3.75\times10^{-7}\,\mathrm{s}$$

例 6 一个立方物体静止时体积为 V_0，质量为 m_0，当该物体沿其一棱以速率 ν 运动时，试求其运动时的体积、密度。

解：由静止观察者测得立方体的长宽高分别为

$$x = x_0\sqrt{1-\left(\frac{\nu}{c}\right)^2},\ y = y_0,\ x = x_0$$

相应的体积为 $V = xyz = x_0y_0z_0\sqrt{1-\left(\dfrac{\nu}{c}\right)^2} = \nu_0\sqrt{1-\beta^2}$

相应的密度为 $\rho = \dfrac{m}{V} = \dfrac{m_0/\sqrt{1-\beta^2}}{V_0\sqrt{1-\beta^2}} = \dfrac{m_0}{V_0}\dfrac{1}{(\sqrt{1-\beta^2})^2} = \dfrac{\gamma^2 m_0}{V_0}$

式中 $\beta = \dfrac{\nu}{c}$，$\gamma = \dfrac{1}{\sqrt{1-\beta^2}}$

(三) 狭义相对论动力学

例 7 设快速运动的介子的能量约为 $E=3000\,\mathrm{MeV}$，而这种介子在静止时的能量为 $E_0=100\,\mathrm{MeV}$。若这种介子的固有寿命为 $\tau_0=2\times10^{-6}\,\mathrm{s}$，求它运动的距离。(真空中光速 $c=2.9979\times10^8\,\mathrm{m/s}$)

解：根据 $E = mc^2 = m_0c^2/\sqrt{1-\nu^2/c^2} = E_0/\sqrt{1-\nu^2/c^2}$

可得 $1/\sqrt{1-\nu^2/c^2} = E/E_0 = 30$

由此求出 $\nu \approx 2.996\times10^8\,\mathrm{m\cdot s^{-1}}$

又介子运动的时间 $\tau = \tau_0/\sqrt{1-\nu^2/c^2} = 30\tau_0$

因此它运动的距离 $l = \nu\tau = \nu\cdot30\tau_0 \approx 1.798\times10^4\,\mathrm{m}$

例 8 (1) 如果粒子的动能等于静能的一半，求该粒子的速度；

(2) 如果总能量是静能的 k 倍，求该粒子的速度。

解：(1) 由题意 $E_k = mc^2 - m_0c^2 = \dfrac{1}{2}m_0c^2$

所以 $$m=\frac{3}{2}m_0=\frac{m_0}{\sqrt{1-\left(\frac{\nu}{c}\right)^2}}$$

即 $$\nu=\frac{\sqrt{5}}{3}c=0.75c=2.24\times10^8\text{ m/s}$$

(2) 粒子总能量　$E=mc^2=km_0c^2$

所以 $$m=km_0=\frac{m_0}{\sqrt{1-\left(\frac{\nu}{c}\right)^2}}$$

即 $$\nu=\frac{\sqrt{k^2-1}}{k}c=\frac{c}{k}\sqrt{k^2-1}$$

例 9　北京正负电子对撞机中电子动能 $E_k=2.8\times10^9\text{ eV}$，求电子速率 ν。

解：因为 $E_k\gg m_0c^2$(电子静能 $0.511\times10^6\text{ eV}$)

所以　$$E_k\approx mc^2=\frac{m_0c^2}{\sqrt{1-\frac{\nu^2}{c^2}}}$$

得　$$c^2-\nu^2=(m_0c^2/E_k)^2c^2$$

又 $\nu\approx c$，故　$c^2-\nu^2=(c+\nu)(c-\nu)\approx2c(c-\nu)$，得

$$c-\nu=\frac{1}{2}(m_0c^2/E_k)^2c=5\text{m/s}$$

即电子速率 ν 比光速小 5m/s。

四、自　测　题

(一) 选择题

1. 下列几种说法：

(1) 所有惯性系对物理基本规律都是等价的；

(2) 在真空中，光的速度与光的频率、光源的运动状态无关；

(3) 在任何惯性系中，光在真空中沿任何方向的传播速度都相同。

其中说法正确的是：

(A) 只有(1)、(2) 是正确的；

(B) 只有(1)、(3) 是正确的；

(C) 只有(2)、(3) 是正确的；

(D) 三种说法都是正确的。 [ ]

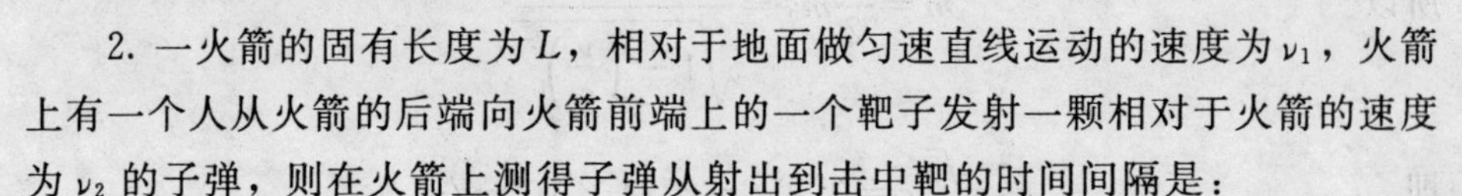

2. 一火箭的固有长度为L，相对于地面做匀速直线运动的速度为ν_1，火箭上有一个人从火箭的后端向火箭前端上的一个靶子发射一颗相对于火箭的速度为ν_2的子弹，则在火箭上测得子弹从射出到击中靶的时间间隔是：

(A) $\dfrac{L}{\nu_1+\nu_2}$； (B) $\dfrac{L}{\nu_2}$；

(C) $\dfrac{L}{\nu_2-\nu_1}$； (D) $\dfrac{L}{\nu_1\sqrt{1-(\nu_1/c)^2}}$。（$c$表示真空中光速）

[ ]

3. 宇宙飞船相对于地面以速度ν做匀速直线飞行，某一时刻飞船头部的宇航员向飞船尾部发出一个光讯号，经过Δt（飞船上的钟）时间后，被尾部的接收器收到，则由此可知飞船的固有长度为：

(A)$c\cdot\Delta t$； (B)$\nu\cdot\Delta t$；

(C)$c\cdot\Delta t\cdot\sqrt{1-(\nu/c)^2}$； (D) $\dfrac{c\cdot\Delta t}{\sqrt{1-(\nu/c)^2}}$。（$c$表示真空中光速）

[ ]

4. 边长为a的正方形薄板静止于惯性系K的xOy平面内，且两边分别与x、y轴平行，今有惯性系K'以$0.8c$（c为真空中光速）的速度相对于K系沿x轴做匀速直线运动，则从K'系测得薄板的面积为：

(A)a^2； (B)$0.6a^2$；

(C)$0.8a^2$； (D)$a^2/0.6$。 [ ]

5. 一宇航员要到离地球为5光年的星球去旅行，如果宇航员希望把这路程缩短为3光年，则他所乘的火箭相对于地球的速度应是：

(A)$\nu=\dfrac{c}{2}$； (B)$\nu=\dfrac{3c}{5}$；

(C)$\nu=\dfrac{4c}{5}$； (D)$\nu=\dfrac{9c}{10}$。（c表示真空中光速）

[ ]

6. 在狭义相对论中，下列说法中哪些是正确的？

(1) 一切运动物体相对于观察者的速度都不能大于真空中的光速；

(2) 质量、长度、时间的测量结果都是随物体与观察者的相对运动状态而改变的；

(3) 在一惯性系中发生于同一时刻、不同地点的两个事件在其他一切惯性系中也是同时发生的；

(4) 惯性系中的观察者观察一个与他做匀速相对运动的时钟时，会看到这时钟比与他相对静止的相同的时钟走得慢些。

(A)(1)，(3)，(4)；

(B)(1)，(2)，(4)；

(C)(1)，(2)，(3)；

(D)(2)，(3)，(4)。 [ ]

(二) 填空题

1. 以速度 v 相对于地球做匀速直线运动的恒星所发射的光子，其相对于地球的速度的大小为________。

2. 狭义相对论的两条基本原理中，相对性原理说的是________；光速不变原理说的是________。

3. 已知惯性系 S' 相对于惯性系 S 以 $0.5c$ 的匀速度沿 x 轴的负方向运动，若从 S' 系的坐标原点 O' 沿 x 轴正方向发出一光波，则 S 系中测得此光波的波速为________。

4. 有一速度为 u 的宇宙飞船沿 x 轴正方向飞行，飞船头尾各有一个脉冲光源在工作，处于船尾的观察者测得船尾光源发出的光脉冲的传播速度大小为________；处于船头的观察者测得船尾光源发出的光脉冲的传播速度大小为________。

5. 一门宽为 a，今有一固有长度为 $l_0(l_0 > a)$ 的水平细杆，在门外贴近门的平面内沿其长度方向匀速运动，若站在门外的观察者认为此杆的两端可同时被拉进此门，则该杆相对门的运动速率 u 至少为________。

6. 两个惯性系中的观察者 O 和 O' 以 $0.6c$(c 表示真空中光速）的相对速度互相接近，如果 O 测得两者的初始距离是 20m，则 O' 测得两者经过时间 $\Delta t=$ ________ s后相遇。

(三) 计算题

1. 地球的半径为 $R_0=6376\text{km}$，它绕太阳运动的速率约为 $\nu=30\text{km}\cdot\text{s}^{-1}$，在太阳参照系中测量地球的半径在哪个方向上缩短得最多？缩短了多少？（假设地球相对于太阳系来说近似于惯性系）

2. 在惯性系 S 中，有两事件发生于同一地点，且第二事件比第一事件晚发生 $\Delta t=2\text{s}$；而在另一惯性系 S' 中，观测第二事件比第一事件晚发生 $\Delta t'=3\text{s}$，那么在 S' 系中发生两件事的地点之间的距离是多少？

3. 观测者甲和乙分别静止于两个惯性参照系 K 和 K' 中，甲测得在同一地点发生的两个事件的时间间隔为 4s，而乙测得这两个事件的时间间隔为 5s，求：(1)K'相对于K的运动速度；(2)乙测得这两个事件发生的地点的距离。

4. 实验测得一质子的速率为$0.995c$，求该质子的质量、总能量、动量、动能。(质子的静止质量$m_p=1.673\times10^{-27}\text{kg}$)

五、自测题参考答案

(一) 选择题

1.(D)；2.(B)；3.(A)；4.(B)；5.(C)；6.(B)

(二) 填空题

1. c

2. 一切彼此相对做匀速直线运动的惯性系对于物理学定律都是等价的；一切惯性系中，真空中的光速都是相等的

3. c

4. c；c

5. $c\sqrt{1-(a/l_0)^2}$

参考解：根据运动杆长度收缩公式

$$l=l_0\sqrt{1-(u/c)^2}$$

则

$$a=l_0\sqrt{1-(u/c)^2}$$

$$u=c\sqrt{1-(a/l_0)^2}$$

6. 8.89×10^{-8}

(三) 计算题

1. 解：在太阳参照系中测量地球的半径在它绕太阳公转的方向缩短得最多。

$$R=R_0\sqrt{1-(\nu/c)^2}$$

其缩短的尺寸为：

$$\Delta R=R_0-R$$

$$=R_0(1-\sqrt{1-(\nu/c)^2})$$

$$\approx\frac{R_0^2\nu^2}{2c^2}$$

$$\Delta R=3.2\text{cm}$$

2. 解：令 S' 系与 S 系的相对速度为 ν，有

$$\Delta t' = \frac{\Delta t}{\sqrt{1-(\nu/c)^2}}$$

$$(\Delta t/\Delta t')^2 = 1-(\nu/c)^2$$

则　$\nu = c \cdot [1-(\Delta t/\Delta t')^2]^{\frac{1}{2}}$

$= 2.24 \times 10^8 (\mathrm{m \cdot s^{-1}})$

那么，在 S' 系中测得两事件之间距离为

$$\Delta x' = \nu \cdot \Delta t' = c(\Delta t'^2 - \Delta t^2)^{1/2}$$

$$= 6.72 \times 10^8 \mathrm{m}$$

3. 解：设 K' 相对于 K 运动的速度为 ν，沿 $x(x')$ 轴方向，则根据洛仑兹变换公式，有

$$t' = \frac{t - \nu x/c^2}{\sqrt{1-(\nu/c)^2}},\ x' = \frac{x - \nu t}{\sqrt{1-(\nu/c)^2}}$$

(1) $t'_1 = \dfrac{t_1 - \nu x_1/c^2}{\sqrt{1-(\nu/c)^2}}$

$t'_2 = \dfrac{t_2 - \nu x_2/c^2}{\sqrt{1-(\nu/c)^2}}$

因两个事件在 K 系中同一点发生，所以 $x_2 = x_1$，则

$$t'_2 - t'_1 = \frac{t_2 - t_1}{\sqrt{1-(\nu/c)^2}}$$

解得

$$\nu = [1-(t_2-t_1)^2/(t'_2-t'_1)^2]^{1/2} c$$

$$= \frac{3c}{5} = 1.8 \times 10^8 \mathrm{m/s}$$

(2) $x'_1 = \dfrac{x_1 - \nu t_1}{\sqrt{1-(\nu/c)^2}}$

$x'_2 = \dfrac{x_2 - \nu t_2}{\sqrt{1-(\nu/c)^2}}$

因为 $x_1 = x_2$

所以 $x'_1 - x'_2 = \dfrac{\nu(t_2 - t_1)}{\sqrt{1-(\nu/c)^2}}$

$= \dfrac{3}{4} c(t_2 - t_1) = 9 \times 10^8 \mathrm{m}$

若直接写出

$$t'_2 - t'_1 = \frac{t_2 - t_1}{\sqrt{1-(\nu/c)^2}}$$

$$x'_1 - x'_2 = \frac{\nu(t_2 - t_1)}{\sqrt{1-(\nu/c)^2}}$$

4. 解：根据 $m = \dfrac{m_0}{\sqrt{1-\dfrac{\nu^2}{c^2}}}$

代入数据有：$m = \dfrac{m_p}{\sqrt{1-\left(\dfrac{0.995c}{c}\right)^2}} = 16.751 \times 10^{-27}(\text{kg})$

根据：$E = mc^2$

代入数据得：$E = \dfrac{m_p}{\sqrt{1-\left(\dfrac{0.995c}{c}\right)^2}} \cdot c^2 = 1.508 \times 10^{-9}(\text{J})$

根据 $E^2 = c^2 p^2 + m_0^2 c^4$

得：$p = \sqrt{\dfrac{E^2 - m_p^2 c^4}{c^2}} = \sqrt{\dfrac{(1.508 \times 10^{-9})^2 - (1.673 \times 10^{-27} \times 9 \times 10^{16})^2}{9 \times 10^{16}}}$

$= 5.027 \times 10^{-18}(\text{kg} \cdot \text{m} \cdot \text{s}^{-1})$

根据：$E_k = mc^2 - m_0 c^2$

得：$E_k = m_0 c^2 \left(\dfrac{1}{\sqrt{1-\left(\dfrac{0.995c}{c}\right)^2}} - 1\right) = 1.357 \times 10^{-9}(\text{J})$

第16章 量子物理初步

一、基本要求

(1)了解波粒二象性。

(2)了解德布罗意波，掌握其波长的计算。

(3)了解波函数、算符和薛定谔方程。

(4)了解氢原子的主要结果以及四个量子数和原子的壳层结构。

(5)了解能带理论以及导体、半导体和绝缘体的能带结构。

二、内容提要

1. 波粒二象性

光量子和微观粒子既具有波所特有的干涉和衍射现象，又具有能量的量子化和弹性碰撞这些粒子所具有的性质。

2. 德布罗意假设

实物粒子的波长为$\lambda=\dfrac{h}{p}$

3. 波函数

一个物理系统的状态可以用一个波函数完全描述，波函数满足线性叠加原理，满足归一化，且单值、有限、连续。波函数的共轭平方具有概率密度的含义。

4. 算符

算符是一种函数，当这种函数作用于另一个函数时它又产生一个新的函数。量子力学的数学描述完全建立于算符的概念之上，描述微观系统物理量的是厄米算符。

5. 薛定谔方程

孤立量子系统的状态函数随时间的演化由含时薛定谔方程决定。

$$\mathrm{i}\hbar\frac{\partial}{\partial t}\Psi(\boldsymbol{r},\ t)=\hat{H}\Psi(\boldsymbol{r},\ t)$$

6. 氢原子

将量子理论用于解决氢原子问题，得到的主要结果有：

① 能量量子化与主量子数：

由波函数满足单值、有限和连续的条件，可得电子（或者说整个原子）的能量只能是：

$$E_n=-\frac{me^4}{(4\pi\varepsilon_0)^2 2\hbar^2}\frac{1}{n^2},\ n=1,\ 2,\ 3,\ \cdots$$

因为
$$\frac{me^4}{(4\pi\varepsilon_0)^2 2\hbar^2}=13.6\text{eV}$$

所以
$$E_n=-\frac{13.6}{n^2}\text{eV},\ n=1,\ 2,\ 3,\ \cdots$$

因而氢原子的能量只能取分立值，即能量是量子化的。n 称为主量子数。

$n=1$ 的能级称为基态能级，基态能量为

$$E_1=-13.6\text{eV}$$

$n=2,\ 3,\ \cdots$ 的能级称为激发态能级，激发态能量为

$$E_2=E_1/4=-3.4\text{eV}$$

$$E_3=E_1/9=-1.51\text{eV}$$

当 n 很大时，能级间隔消失而变为连续。$n=\infty$时，$E_\infty=0$，这时电子被电离。所以氢原子的电子的电离能(Ionization Energy)为

$$E_\infty-E_1=13.6\text{eV}$$

② 角动量量子化与角量子数：

求解薛定鄂方程可以得到电子绕核运动的角动量大小为：

$$L=\sqrt{l(l+1)}\ \frac{h}{2\pi}=\sqrt{l(l+1)}\,\hbar,\ l=0,\ 1,\ 2,\ \cdots,\ n-1$$

其中 l 叫做副量子数或角量子数。此式表明氢原子的角动量也是量子化的。角量子数要受到主量子数的限制：处于能级 E_n 的原子，其角动量共有 n 种可能的取值，即

$$l=0,\ 1,\ 2,\ \cdots,\ n-1$$

一般在量子力学中用小写的字母 s，p，d，f，… 表示角动量的状态，如下表所示。

	s	p	d	f	g	h
l	0	1	2	3	4	5
L	0	$\sqrt{2}h/2\pi$	$\sqrt{6}h/2\pi$	$\sqrt{12}h/2\pi$	$\sqrt{20}h/2\pi$	$\sqrt{30}h/2\pi$

通常还用主量子数和代表角量子数的字母一起来表示原子的状态。如 1s 表示原子的基态：$n=1$，$l=0$，能量为 $E_1=-13.6\text{eV}$，角动量为 $L=0$；2p 表示原子处于第一激发态：$n=2$，$l=1$，能量为 $E_1=-3.4\text{eV}$，角动量为 $L=\sqrt{2}h/2\pi$。

n	$l=0$	$l=1$	$l=2$	$l=3$	$l=4$
	s	p	d	f	g
$n=1$	1s				
$n=2$	2s	2p			
$n=3$	3s	3p	3d		
$n=4$	4s	4p	4d	4f	
$n=5$	5s	5p	5d	5f	5g

③ 空间量子化与磁量子数：

计算结果表明，氢原子中电子绕核运动的角动量不仅大小只能取分立值，其方向也有一定的限制。取空间某一特定的方向(如外磁场 $\boldsymbol{B}$ 的方向)为 z 轴，则角动量 L 在这个方向的投影 L_z 只能是

$$L_z=m_l\frac{h}{2\pi},\ m_l=0,\ \pm1,\ \pm2,\ \cdots,\ \pm l$$

m_l 叫做磁量子数。角动量的这种取向特性叫做空间取向量子化。

对于一定大小的角动量，$m_l=0,\ \pm1,\ \pm2,\ \cdots,\ \pm l$，共有 $2l+1$ 种可能的取值。对每一个 m_l，角动量 L 与 z 轴的夹角 θ 应满足

$$\cos\theta=\frac{L_z}{L}=\frac{m_l}{\sqrt{l(l+1)}}$$

7. 电子的自旋

1925 年，乌仑贝克(G. E. Uhlenbeck) 和高德斯密特(S. A. Goudsmit) 为了解释光谱的精细结构提出电子自旋的假设，认为电子除了做绕核的轨道运动之外，还有自旋运动，相应地有自旋角动量和自旋磁矩，且自旋磁矩在外磁场中只有两个可能的取向。这一假说成功地解释了复杂的光谱行为。

利用量子力学可得到电子自旋角动量 S 的大小为

$$S=\sqrt{s(s+1)}\frac{h}{2\pi}$$

式中 s 称为自旋量子数，它只能取一个值 $s=1/2$，从而

$$S=\frac{\sqrt{3}}{2}\frac{h}{2\pi}$$

电子自旋角动量 S 在外磁场方向的投影为

$$S_z=m_s\frac{h}{2\pi}$$

式中 m_s 称为自旋磁量子数，它只能取两个值 $m_s=\pm 1/2$，从而 $S_z=\pm\frac{1}{2}\frac{h}{2\pi}$。

8. 四个量子数

电子的稳定运动可以用四个量子数来表示，其中三个决定电子的轨道运动，一个决定电子自旋的运动状态，这四个量子数分别为：

主量子数 n，$n=1，2，3，\cdots$，决定原子中电子的能量；

角量子数 l，$l=0，1，2，\cdots，n-1$，决定电子绕核运动的角动量的大小；

磁量子数 m_l，$m_l=0，\pm 1，\pm 2，\cdots，\pm l$，决定电子绕核运动的角动量在外磁场中的取向；

自旋量子数 m_s，$m_s=\pm 1/2$，决定电子自旋角动量在外磁场中的取向。

9. 原子的壳层结构

元素的化学性质与物理性质的周期性变化，来源于原子中电子组态的周期性变化，而电子组态的周期性变化与特定轨道上可容纳的电子数有关，或者说，这种周期性的变化的本质在于原子的电子壳层结构。原子中的电子状态由四个量子数(n，l，m_l，m_s)来描述。主量子数 n 相同的电子组成一个主壳层，对应于 $n=1，2，3，4，5，6，\cdots$ 的各个主壳层分别用大写字母 K，L，M，N，O，P，… 表示；在每一主壳层内，又按角量子数 l 分为若干支壳层，$l=0，1，2，3，4，5，\cdots$ 的支壳层(Subshell)分别用小写字母 s，p，d，f，g，h，… 表示。对于确定的 n 和 l，用 nl 表示，如 $1s$，$2s$，$2p$，3，$2p$，$3d$，…；当一个原子的每个电子组态 n 和 l 均被指定后，则称该原子具有一定的电子组态，例如：Cu：$1s^2 2s^2 2p^6 3s^2 3p^6 4s^1 3d^{10}$。

一般说来，主量子数越大的主壳层其能级越高；在同一主壳层内，角量子数越大的支壳层其能级越大。

1925 年，泡利提出：在原子中，不可能有两个或两个以上的电子具有完全相同的量子态，即原子中的任何两个电子的量子数(n，l，m_l，m_s)不可能完全相同。对于每一支壳层，对应的量子数 n，l，它们的磁量子数 $m_l=0$，± 1，…，$\pm l$，共有($2l+1$)种可能值；对于每一个 m_l 值又有两种 m_s 值。所以在同一支壳层上可容纳的电子数为

$$N_l = 2(2l+1)$$

对于某一主壳层 n，角量子数可取 $l=0$，1，…，$n-1$，共 n 种可能值，而对于每一 n 值，可容纳电子数 $2(2l+1)$ 种，故在主壳层 n 上可容纳的电子数为(对具有同一能级的量子态数，叫做简并度)

$$N_n = \sum_{l=0}^{n-1} 2(2l+1) = 2n^2$$

各主壳层上 K，L，M，N，O，P，… 和各个支壳层 $l=0$，1，2，3，4，5，… 上容纳的电子数，如下表所示。

		0 s	1 p	2 d	3 f	4 g	5 h	6 i	N_n
1	K	2							2
2	L	2	6						8
3	M	2	6	10					18
4	N	2	6	10	14				32
5	O	2	6	10	14	18			50
6	P	2	6	10	14	18	22		72
7	Q	2	6	10	14	18	22	26	98

10. 能带、导体和绝缘体

将量子理论用于解决计算晶体问题，通过复杂的计算得到，晶体的电子能级 $E(\vec{k})$ 具有带状结构，称为能带。也就是说，当孤立原子组成晶体时，其能级过渡成能带。根据能带的性质可以分为满带、不满带和空带：

① 满带：若能带中各个能级全部被电子填满，则称为满带。由于满带中所有可能的能级都已被电子填满，因此当有外电场作用于晶体时，满带中若有任一电子自它原来占据的能级向同一能带中的其他任一能级转移，则由于受到泡利不相容原理的限制，必有另一电子沿相反方向转移。这时满带中虽有不同能级的电子交换，但总效果与没有电子交换一样。因此满带中的电子不能参与导电过程。一般说来，内层电子能级所分裂的能带都是满带。

② 不满带：若能带中只有一部分能级填入电子，则称为不满带。根据能

量最小原理，在正常情况下，不满带中的电子填充在下方的部分能级，上方的能级空着，当受到外场的作用时，不满带中的电子可以进入未被填充的高能级，从而形成电流。所以不满带中的电子参与导电过程。通常所说的金属中的“自由电子”，就是指不满带中的电子。

③ 空带：若能带中各个能级都没有电子填充，则称为空带。若电子受到某种因素激励而进入了空带，则在外场作用下，这种电子可在该空带中向高能级转移，从而表现一定的导电性。

不满带和空带都称为导带。与价电子填充的能级相对应的能带称为价带。价带可以是满带，也可以是不满带。

④ 禁带：从理论计算知道，两个相邻能带之间是没有可能的量子态的能量区域，在这个区域不可能有电子存在，这个区域称为禁带。若两个相邻能带相互重叠，则禁带消失。

11. 绝缘体、导体和半导体

从能带的角度可以说明绝缘体、导体和半导体的区别。

① 绝缘体：绝缘体的能带有两个特征：a）只有满带和空带；b）满带和空带之间有较宽的禁带，禁带宽度一般大于 3eV。由于满带中的电子不参与导电，一般外加电场又不足以将满带中的电子激发到空带，所以此类晶体导电性极差，称为绝缘体。禁带宽度越大，绝缘性能越好。

② 导体：导体的能带不尽相同，有的如一价碱金属，价带为不满带；有的如二价碱金属，价带为满带，但满带与空带紧密相接或部分重叠；其他金属的能带，其价带为不满带，且与空带方式重叠。当外电场作用于晶体时，价带中的电子可以进入较高能级，从而可以形成电流，这正是导体具有良好导电性能的原因。

③ 半导体：导电能力介于导体与绝缘体之间的晶体称为半导体，它的能带结构也只有满带和空带，与绝缘体的能带相似，差别在于禁带宽度不同，半导体的禁带宽度一般较小，在 2eV 以下。

三、解题指导与例题

例 1 试计算：

(1) 电子通过 100V 电压加速后的德布罗意波长；

(2) 质量为 $m=0.01\text{kg}$、速度 $v=300\text{m}\cdot\text{s}^{-1}$ 的子弹的德布罗意波长。

解：(1) 电子经电压 U 加速后的动能为

$$\frac{1}{2}m\nu^2 = eU$$

得
$$\nu = \sqrt{\frac{2eU}{m}}$$

将 $e=1.6\times10^{-19}\mathrm{C}$，$m=9.11\times10^{-31}\mathrm{kg}$，$U=100\mathrm{V}$ 代入得

$$\nu = 5.9\times10^6\ \mathrm{m\cdot s^{-1}}(\ll c)$$

故电子的波长为

$$\lambda_1 = \frac{h}{m\nu} = \frac{h}{\sqrt{2me}}\frac{1}{\sqrt{U}} = 0.123\mathrm{nm}\text{——X 射线量级}$$

(2) 子弹的德布罗意波长为

$$\lambda_2 = \frac{h}{m\nu} = 2.21\times10^{-34}\mathrm{m} = 1.23\times10^{-24}\text{Å}$$

例 2　做一维运动的粒子被束缚在 $0<x<a$ 的范围内，已知其波函数为 $\psi(x)=A\sin\frac{\pi x}{a}$，求：

(1) 常数 A；

(2) 粒子在 0 到 $a/2$ 区域内出现的概率；

(3) 粒子在何处出现的概率最大。

解：(1) 由归一化条件

$$\int_{-\infty}^{\infty}|\psi|^2\mathrm{d}x = A^2\int_0^a \sin^2\frac{\pi x}{a}\mathrm{d}x = 1$$

解得 $\frac{a}{2}A^2=1$

故常数 $A=\sqrt{\frac{2}{a}}$

(2) 粒子的概率密度为

$$|\psi|^2 = \frac{2}{a}\sin^2\frac{\pi x}{a}$$

粒子在 0 到 $a/2$ 区域内出现的概率为

$$\int_0^{a/2}|\psi|^2\mathrm{d}x = \frac{2}{a}\int_0^{a/2}\sin^2\frac{\pi x}{a}\mathrm{d}x = \frac{1}{2}$$

(3) 概率最大的位置应该满足

$$\frac{\mathrm{d}}{\mathrm{d}x}|\psi|^2 = \frac{2\pi}{a}\sin\frac{2\pi x}{a} = 0$$

即当 $\frac{2\pi x}{a}=k\pi$，$k=0,\ \pm1,\ \pm2,\ \cdots$ 时，粒子出现的概率最大。因为

$0<x<a$，故得 $x=a/2$，此处粒子出现的概率最大。

例 3 分别计算量子数 $n=2$，$l=1$ 和 $n=2$ 的电子的可能状态数。

解：对于 $n=2$，$l=1$ 的电子，可取 $m_l=1$，0，-1，共三种状态，对每一种 m_l，又可取 $m_s=\pm\frac{1}{2}$，故共有 6 种状态。

对于 $n=2$ 的电子，可取 $l=0$ 和 $l=1$。当 $l=0$ 时，$m_l=0$，$m_s=\pm\frac{1}{2}$，有两种状态；当 $l=1$ 时，如上所示有 6 种状态，所以处于 $n=2$ 的电子的可能的状态数为 $2+6=8$ 种。

例 4 试确定基态氦原子中电子的量子数。

解：氦原子有两个电子，这两个电子处于 1s 态，即 $n=1$，$l=0$，因而 $m_l=0$。根据泡利不相容原理，这两个电子的量子数不能完全相同，所以它们的自旋量子数分别为 1/2 和 $-1/2$。因此基态氦原子中两个电子的四个量子数分别为(1，0，0，1/2) 和(1，0，0，$-1/2$)。

四、自　测　题

(一) 选择题

1. 以一定频率的单色光射在某种金属上，测出其光电流的曲线如选择题 1 图中实线所示。然后在光强度不变的条件下增大照射光的频率，测出其光电流的曲线如图中虚线所示，则满足题意的图是：　　　　[　　]

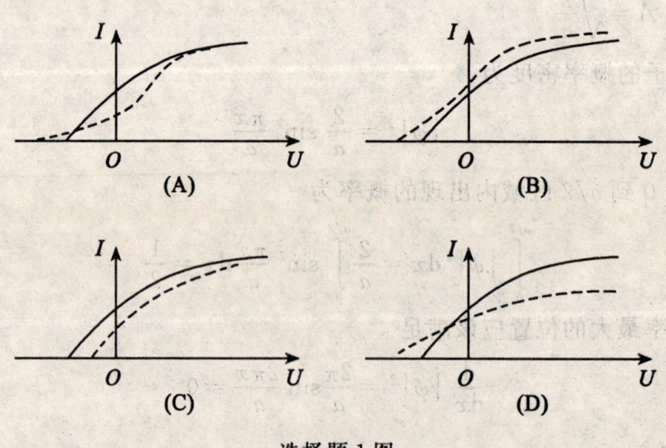

选择题 1 图

2. 由氢原子理论知，当大量氢原子处于 $n=3$ 的激发态时，原子跃迁将发出：

(A) 一种波长的光；　　(B) 两种波长的光；

(C) 三种波长的光；　　(D) 连续光谱。　[　]

3. 根据玻尔氢原子理论，氢原子中的电子在第一和第三轨道上运动时速度大小之比 ν_1/ν_2 是：

(A)1/3；　　(B)1/9；

(C)3；　　(D)9。　[　]

4. 不确定关系 $\Delta x \cdot \Delta P_x \geqslant h$ 表示在 x 方向上：

(A) 粒子位置不能确定；

(B) 粒子动量不能确定；

(C) 粒子位置和动量都不能确定；

(D) 粒子位置和动量不能同时确定。　[　]

5. 关于光电效应有下列说法：

(1) 任何波长的可见光照射到任何金属表面都能产生光电效应；

(2) 若入射光的频率均大于一给定金属的红限，则该金属分别受到不同频率的光照射时，释放出的光电子的最大初动能也不同；

(3) 若入射光的频率均大于一给定金属的红限，则该金属分别受到不同频率、强度相等的光照射时，单位时间释放出的光电子数一定相等；

(4) 若入射光的频率均大于一给定金属的红限，则当入射光频率不变而强度增大一倍时，该金属的饱和光电流也增大一倍。

其中正确的是：

(A)(1)、(2)、(3)；

(B)(2)、(3)、(4)；

(C)(2)、(3)；

(D)(2)、(4)。　[　]

6. 用频率为 ν 的单色光照射某种金属时，逸出光电子的最大动能为 E_k；若改用频率为 2ν 的单色光照射此种金属，则逸出光电子的最大动能为：

(A)$2E_k$；　　(B)$2h\nu - E_k$；

(C)$h\nu - E_k$；　　(C)$h\nu + E_k$。　[　]

7. 根据玻尔氢原子理论，巴耳末线系中谱线最小波长与最大波长之比为

(A)5/9；　　(B)4/9；

(C)7/9；　　(D)2/9。　[　]

(二) 填空题

1. 在玻尔氢原子理论中势能为负值，而且数值比动能大，所以总能量为________值，并且只能取________值。

2. 玻尔氢原子理论中的定态假设的内容是：________________。

3. 在氢原子光谱中，赖曼系(由各激发态跃迁到基态所发射的各谱线组成的谱线系)的最短波长的谱线所对应的光子能量为________eV；巴耳末系的最短波长的谱线所对应的光子的能量为________eV。

(里德伯常量 $R = 1.097 \times 10^{7}\,\mathrm{m}^{-1}$，普朗克常量 $h = 6.63 \times 10^{-34}\,\mathrm{J \cdot s}$，$1\mathrm{eV} = 1.6 \times 10^{-19}\,\mathrm{J}$，真空中光速 $c = 3 \times 10^{8}\,\mathrm{m \cdot s^{-1}}$)

4. 分别以频率为 ν_1 和 ν_2 的单色光照射某一光电管，若 $\nu_1 > \nu_2$(均大于红限频率 ν_0)，则当两种频率的入射光的光强相同时，所产生的光电子的最大初动能 E_1 ________ E_2；为阻止光电子到达阳极，所加的遏止电压 $|U_{a1}|$ ________ $|U_{a2}|$；所产生的饱和光电流 I_{s1} ________ I_{s2}。(用 $>$ 或 $=$ 或 $<$ 填入)

5. 在氢原子光谱的巴耳末系中，波长最长的谱线和波长最短的谱线的波长比值是________。

6. 德布罗意波的波函数与经典波的波函数的本质区别是________。

(三) 计算题

1. 将星球看作绝对黑体，利用维恩位移定律测量 λ_m 便可求得 T，这是测量星球表面温度的方法之一。设测得：太阳的 $\lambda_m = 0.55\mu\mathrm{m}$，北极星的 $\lambda_m = 0.35\mu\mathrm{m}$，天狼星 $\lambda_m = 0.29\mu\mathrm{m}$。试求这些星球的表面温度。

2. 从铝中移出一个电子需要 4.2eV 的能量，今有波长为 2000Å 的光投射到铝表面。试问：(1) 由此发射出来的光电子的最大动能是多少？(2) 遏止电势差为多少？(3) 铝的截止波长有多大？

3. 质量为 $40 \times 10^{-3}\,\mathrm{kg}$ 的子弹，以 $1000\,\mathrm{m \cdot s^{-1}}$ 的速度飞行。它的德布罗意波长是多少？为使电子的德布罗意波长为 1Å，需要多大的加速电压？

4. 试计算在直径 $10^{-14}\,\mathrm{m}$ 的核内质子和中子的最小动能。

五、自测题参考答案

(一) 选择题

1. (D)；2. (C)；3. (C)；4. (D)；5. (D)；6. (D)；7. (A)

(二) 填空题

1. 负；　　不连续

2. 原子只能处在一系列能量不连续的稳定状态(定态)中，处于定态中的原子，其电子只能在一定轨道上绕核做圆周运动，但不发射电磁波。

3. 13.6；　　3.4

4. $>$；　　$>$；　　$<$

5. 1.8

6. 德布罗意波是几率波，波函数不表示某实在物理量在空间的波动，其振幅无实在的物理意义。

(三) 计算题

1. 解：由维恩位移定律 $\lambda_m T = b$ 得，$T = \dfrac{b}{\lambda_m}$

所以，$T_{太阳} = \dfrac{2.897 \times 10^{-3}}{0.55 \times 10^{-6}} = 5.27 \times 10^3 \text{K}$

$T_{北极} = \dfrac{2.897 \times 10^{-3}}{0.35 \times 10^{-6}} = 8.28 \times 10^3 \text{K}$

$T_{天狼} = \dfrac{2.897 \times 10^{-3}}{0.29 \times 10^{-6}} = 9.99 \times 10^3 \text{K}$

2. 解：

(1) 根据爱因斯坦方程 $h\nu = A + \dfrac{1}{2} m\nu^2$ 得

$$E_k = \frac{1}{2} m\nu^2 = h\frac{c}{\lambda} - A = \frac{6.63 \times 10^{-34} \times 3 \times 10^8}{2000 \times 10^{-10} \times 1.6 \times 10^{-19}} - 4.2 = 2(\text{eV})$$

(2) $E_k = e\text{V}_a$，所以 $V_a = \dfrac{E_k}{e} = \dfrac{2}{e} = 2(\text{V})$

(3) $h\nu = \dfrac{hc}{\lambda} = A$

所以 $\lambda = \dfrac{hc}{A} = \dfrac{6.63 \times 10^{-34} \times 3 \times 10^8}{4.2 \times 1.6 \times 10^{-19}} = 2.96 \times 10^{-7}(\text{m})$

3. 解：$\lambda = \dfrac{h}{p} = \dfrac{6.63 \times 10^{-34}}{4.0 \times 10^{-2} \times 10^3} = 1.66 \times 10^{-35}(\text{m})$

因为 $\dfrac{1}{2} m_0 \nu = eU$　所以 $\nu = \sqrt{\dfrac{2eU}{m_0}}$

$$\lambda = \frac{h}{m_0 \nu} = \frac{h}{\sqrt{2m_0 eU}}$$

$$U=\frac{h^2}{\lambda^2 2m_0 e}=\frac{(6.63\times10^{-34})^2}{10^{-20}\times2\times9.11\times10^{-31}\times1.6\times10^{-19}}=150(\text{V})$$

4. 解：由测不准关系 $\Delta x\cdot\Delta p\geqslant\frac{h}{2\pi}$ 得

最小动量：$\Delta p=\frac{h}{2\pi\Delta x}=\frac{6.63\times10^{-34}}{2\pi\times10^{-14}}=1.05\times10^{-20}$

最小动能：$E=\frac{(\Delta p)^2}{2m}=\frac{(1.05\times10^{-20})^2}{2\times1.67\times10^{-27}}=3.3\times10^{-14}(\text{J})$